"十三五"高等职业教育计算机类专业规划教材

UI交互设计与实现

阮进军　孙握瑜◎主　编

周艳丽　朱丽进　江　宏◎副主编

U0316675

中国铁道出版社有限公司

CHINA RAILWAY PUBLISHING HOUSE CO., LTD.

内 容 简 介

本书是移动端 APP UI 设计的自学教程，通过大量的综合任务案例，介绍如何设计与制作移动端交互界面。

全书分为 6 个单元，分别介绍交互式 UI 设计基础、交互式原型设计、Photoshop 图标设计、Illustrator 综合图标设计、UI 界面设计以及 UI 动效设计基础。其中涉及 Axure RP、Photoshop、Illustrator、After Effects 等软件的操作。

本书内容从两条主线进行组织编写，一条主线是实际操作案例，在案例选择上由浅入深，循序渐进，另一条主线是基础理论知识，两条主线紧密融合，非常完整地展现了整个 UI 设计流程，帮助读者融会贯通，制作出更好的移动 APP UI 作品。

本书结构清晰、语言简洁、实例丰富、版式精美，可以作为高等职业院校、培训机构的参考教材，也适合移动 APP UI 设计初、中级读者及广大 UI 设计爱好者和从业者阅读。

图书在版编目（CIP）数据

UI 交互设计与实现 / 阮进军，孙握瑜主编 . —北京：
中国铁道出版社有限公司，2020.8（2024.2重印）
"十三五"高等职业教育计算机类专业规划教材
ISBN 978-7-113-27039-1

Ⅰ.① U… Ⅱ.①阮… ②孙… Ⅲ.①人机界面 – 程序
设计 – 高等职业教育 – 教材 Ⅳ.① TP311.1

中国版本图书馆 CIP 数据核字（2020）第 115223 号

书　　名：UI 交互设计与实现
作　　者：阮进军　孙握瑜

策　　划：翟玉峰　　　　　　　　　　编辑部电话：(010) 51873135
责任编辑：汪　敏　许　璐
封面设计：刘　颖
责任校对：绳　超
责任印制：樊启鹏

出版发行：中国铁道出版社有限公司（100054，北京市西城区右安门西街 8 号）
网　　址：http://www.tdpress.com/51eds/
印　　刷：北京铭成印刷有限公司
版　　次：2020 年 8 月第 1 版　2024 年 2 月第 4 次印刷
开　　本：889 mm×1 194 mm 1/16　印张：14.5　字数：349 千
书　　号：ISBN 978-7-113-27039-1
定　　价：45.00 元

本书由具有 APP UI 设计经验的设计师和从事多年职业教育的高校教师共同编写。在编写之前大家有个共识，一线的 APP UI 设计师，尽管可能只需要做全流程中的一部分工作，但是需要对整个 UI 设计的流程有全面的认识，不仅要有熟练的软件操作能力，而且要有较为扎实的理论功底，这样才能在技术不断更新的情况下保持优秀的职业能力。

基于以上思考，编者对移动 APP UI 设计的全流程进行了仔细分析和梳理，在自身专业知识和从业经验的基础上，本书也借鉴了相关同行以及网络资源中的内容组织方式。一方面将 APP UI 设计的学习过程分成六个阶段，分别是了解 UI 设计基本概念、UI 设计基本流程、交互式原型设计、图标设计、界面设计以及 UI 动效设计；另一方面教材内容按两条主线组织编写，一条主线是实际操作任务案例，在案例选择上由浅入深，循序渐进，每个任务设计成：任务描述→设计思路→任务实施→拓展任务；另一条主线是基础理论知识。两条主线紧密融合，非常完整地展现了整个 UI 设计流程。本书具体内容如下：

单元 1　交互式 UI 设计基础。通过认识我们的手机、认识手机 APP 两个任务掌握手机屏幕的相关参数、APP UI 界面的组成和设计要点。通过民宿 APP UI 设计任务，完整地了解整个设计过程。

单元 2　交互式原型设计。以徜徉红途 APP 项目为主线，完成用户登录、图片轮播、首页拖动及回弹、搜索旅游线路和省市级联菜单等任务，让读者掌握利用 Axure RP 软件绘制原型的方法。

单元 3　Photoshop 图标设计。通过扁平化和拟物化图标设计任务，重点介绍图标的风格区别和基本图标设计的流程。

单元 4　Illustrator 综合图标设计。通过平面风格图标、立体风格图标、线性风格图标、功能导航图标、控件图标等任务，介绍 Illustrator 的基本使用方法和综合图标设计的主要过程。

单元 5　UI 界面设计。在单元二原型设计的基础上，利用 Photoshop 完成具体 UI 界面的设计，包括引导页、首页、行程、定制页面的设计等，了解 UI 界面设计的具体知识。

单元 6　UI 动效设计基础。通过制作图标动效和 APP 界面动效任务，介绍 UI 动效的基本设计思路、设计方法和 After Effects 的基本应用。

本书结构清晰、语言简洁、实例丰富，主要具有以下几个特点：

（1）单元设计紧扣 UI 设计流程。首先让读者掌握 UI 设计的整体流程，然后分别按照 UI 设计的标准流程进行介绍，符合认知规律，使读者学习后更容易在真实工作岗位中快速上手。

（2）基础知识与操作任务紧密结合。本书摒弃了传统教科书纯理论式的教学，大量采用实际操作任务进行讲解，在任务操作的基础上辅助关键性基础知识的讲解，促进读者理解。

（3）内容覆盖更加完整，介绍更加深入直观。UI 全流程的内容涵盖更加完整，目前大部分同类书籍对 UI 设计基本流程介绍不够深入直观，没有关于 Axure RP 原型设计和动效设计的相关内容，对图标和界面设计使用的软件也只介绍了 Photoshop。本书解决了以上问题，UI 基本流程阐述更加深入，涵盖 Axure RP 原型设计和动效设计，图片设计软件方面，对 Photoshop、Illustrator 的应用方法都做了简要的阐述。

（4）有完整的教学案例和电子资源。教材案例完整，所有实例全部采用详细步骤说明与实际操作相结合的编写手法，使读者通过阅读文字与观察操作步骤中的图示，边学边操作。书中设计的案例均提供调用素材和源文件，并包含本书所有操作实例的高清多媒体有声教学视频。同时，为方便教师教学，还配备了 PPT 教学课件，以供参考。

在学习本书时，除了熟练掌握 Office 办公软件外，一方面需要具备美术等基本设计素养，可以自修平面、色彩构成等相关知识，增强设计美感；另一方面还需要掌握各类与设计相关的软件使用方法。由于本书篇幅有限，其中涉及 Photoshop、Axure RP、Illustrator、After Effects 等软件操作的介绍较为精简，在学习过程中需要利用各类资源进一步强化理解和运用。本书配套资源请到 http://www.tdpress.com/51eds/ 下载。

本书由阮进军、孙握瑜任主编，周艳丽、朱丽进、江宏任副主编。具体编写分工如下：孙握瑜编写单元 1、单元 6，朱丽进编写单元 2，阮进军编写单元 3，江宏编写单元 4，周艳丽编写单元 5。本书获安徽省教育厅大规模在线开放课程（MOOC）示范项目《UI 交互设计与实现》（编号：2018mooc447）资助。

由于编者知识水平有限，书中难免有疏漏和不足之处，恳请广大读者批评指正。

编　者

2020 年 5 月

目　录

单元1
交互式 UI 设计基础

单元导读

手机是当代社会人们沟通交流的重要工具之一，在移动交互式UI（User Interface，用户界面）设计过程中，手机界面不仅要美观，而且还要能够整合手机APP或页面的各项功能，使设计出的界面符合用户需求。

单元要点

➤了解手机屏幕的尺寸和分辨率；

➤认识手机APP和手机UI设计；

➤了解APP UI设计的基本流程。

认识我们的手机

移动 APP 或前端页面界面运行的主要载体是手机屏幕，不同品牌、不同类型的手机屏幕存在尺寸、分辨率不同的问题，而且手机系统也有差异，这些都值得设计师关注。

任务 1.1　查看手机屏幕相关参数

任务描述

通过网络查看你的手机屏幕的尺寸、分辨率、颜色类型等参数。

设计思路

在中关村在线、京东商城或淘宝等网络平台了解手机屏幕的主要参数。

任务实施

（1）首先了解你的手机品牌和型号。在手机界面中找到"设置"功能，在设置列表中单击"关

扫一扫

任务1.1
查看手机屏幕
相关参数

于手机"选项，查看设备品牌和基本参数，如图 1-1 所示（不同的手机查看设备名称的方法可能存在差异）。

图 1-1　查看"关于手机"信息

（2）访问"中关村在线"网站（http://www.zol.com.cn），输入手机品牌和型号，单击"参数"按钮，查看手机的主屏尺寸（英寸）、主屏分辨率（像素）和屏幕像素密度（ppi）等参数，如图 1-2 所示。

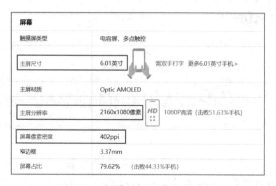

图 1-2　查看手机屏幕相关参数

拓展任务

利用各类网络平台查看你的手机主屏尺寸、主屏分辨率和屏幕像素密度。

知 识 库

一、屏幕（主屏）尺寸

屏幕尺寸通常指屏幕对角线的长度，一般用英寸作为单位（1 英寸 =2.54 cm），表示计算机、电视以及各类多媒体设备的大小。手机等移动端设备也使用这个单位，手机屏幕（主屏）尺寸的计算方式如图1-3所示。

二、屏幕分辨率

手机屏幕分辨率对于手机UI设计来说是非常重要的参数，这关系到一套UI界面在不同分辨率的显示效果。

理解分辨率首先必须了解像素的概念。所有的画面都是由一个个的小点组成的，这些小点就称为像素。屏幕分辨率是指纵横两个方向上的像素点数，单位是px。显示分辨率是屏幕上显示的像素个数，分辨率160×128像素的意思是水平方向像素数为160个，垂直方向像素数为128个。

图1-3　手机屏幕（主屏）尺寸计算方式

就相同大小的屏幕而言，当屏幕分辨率低时（如640×480像素），在屏幕上显示的像素少，单个像素尺寸比较大；当屏幕分辨率高时（如1 600×1 200像素），在屏幕上显示的像素多，单个像素尺寸比较小。屏幕尺寸一样的情况下，分辨率越高，显示效果就越精细和细腻，如图1-4所示。

根据2020年1月14日，百度流量研究所和友盟+官网的数据统计，目前Android系统主流手机尺寸主要是5.5英寸、5.2英寸、5.0英寸，手机分辨率主要为1 920×1 080像素、1 280×720像素和2 340×1 080像素，目前iOS系统主流手机尺寸主要是5.5英寸、4.7英寸、5.8英寸，手机分辨率主要为1 920×1 080像素、

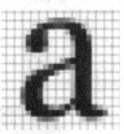

图1-4　高分辨率和低分辨率屏幕显示区别

1 344×750像素和2 436×1 125像素。具体分布情况见表1-1和表1-2。

表1-1　Android系统手机尺寸和分辨率分布

序　　号	尺寸/英寸（占比）	分辨率/像素（占比）
1	5.5（19.5%）	1 920×1 080（23.4%）
2	5.0（8.4%）	1 280×720（16.1%）
3	5.2（7.2%）	2 340×1 080（16%）
4	6.2（6.8%）	1 520×720（8.8%）
5	6.3（4.3%）	2 160×1 080（8.4%）
6	5.99（4.1%）	2 280×1 080（7.8%）
7	5.7（4.0%）	1 440×720（5.6%）

表 1-2　iOS系统手机尺寸和分辨率分布

序　号	尺寸/英寸（占比）	分辨率/像素（占比）
1	5.5（37.2%）	1 920×1 080（37.2%）
2	4.7（35.3%）	1 344×750（35.3%）
3	5.8（12.3%）	2 436×1 125（12.3%）
4	6.1（5.9%）	1 792×828（5.9%）
5	6.5（4.8%）	2 688×1 242（4.8%）
6	4.0（4.0%）	1 136×640（4.0%）
7	3.5（0.4%）	960×640（0.4%）

三、网点密度

在纸质媒介时代，我们常用网点密度（Dot Per Inch，DPI）来描述印刷品的打印精度，如图 1-5 所示。DPI 常用于"设备参数"描述（如扫描仪、打印机），例如，设置打印分辨率为 96 DPI，那么机器在打印过程中，每英寸（Inch）的长度，打印 96 个点（Dot），打印机在每英寸内打印的墨点越多，图片看起来越精细。这种概念也带入到 PC 时代的 Windows，Windows 的默认 DPI 为 96。

四、像素密度

像素密度（Pixel Per Inch，PPI）常用于"屏幕显示"的描述，用来表示每英寸像素点数量，具体计算公式如图 1-6 所示。在 Photoshop 中设定某图的分辨率为 72 PPI，那么，当图片对应到现实尺度中，屏幕将以每英寸 72 个像素（Pixel）的方式来显示。PPI 数值高的显示屏幕，画面看起来更加细腻。

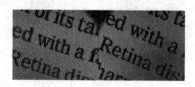

$$\underset{\text{（每英寸拥有的像素数目）}}{PPI} = \frac{\sqrt{\underset{\text{（像素）}}{\text{横向}^2} + \underset{\text{（像素）}}{\text{纵向}^2}}}{\underset{\text{（英寸）}}{\text{屏幕尺寸}}}$$

图 1-5　网点密度（DPI）　　　　　　　　图 1-6　PPI计算公式

如果手机屏幕大小为 5 英寸，分辨率为 1 920×1 080 像素，按照 PPI 计算公式计算出屏幕密度应为 440 PPI，该屏幕密度的画面已经非常清晰了。实践证明，PPI 低于 240 时，人类的视觉能够感觉到明显的颗粒感；PPI 高于 300 时，则无法察觉。

五、DPI 和 PPI

DPI 用于打印机，表示每英寸能打印上的墨点数量。PPI 用于显示器，表示屏幕上每英寸可以显示的像素点的数量。当 DPI 的概念用在手机屏幕上时，表示手机屏幕上每英寸可以显示的像素点的数量，此时，用 PPI 来描述这个屏幕。屏幕生产工艺越高，每平方英寸就能容纳更多的像素，由于在同样的物理面积内填充了更多的像素，显示效果更加精细。简单地说，就是 DPI 或 PPI 影响画质高低和清晰程度。数值越大，画质越细腻；数值越小，画质越粗糙。

例如，屏幕是 320×480 像素和 640×960 像素的两款手机，屏幕的物理尺寸都是 3.5 英寸，但像素密度（PPI）不一样。屏幕像素是 640×960 像素把 2×2 个像素当作 1 个像素使用，如图 1-7 所示。

DPI 和 PPI 经常混用。因为很多行业将"Dot"泛指为所有的图像基本单元。多数情况下，

DPI=PPI。目前各种安卓手机的像素密度经常直接使用dpi作为单位，为此Google官方指定按照表1-3所示标准区分不同设备的dpi，在苹果手机中区则更为简单，分别是非高清屏、高清屏、超高清屏。

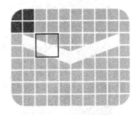

图1-7　不同屏幕密度显示图像时精细度的差异

表1-3　不同像素密度屏幕标准名称

名　　称	像素密度范围/dpi	名　　称	像素密度范围/dpi
idpi	＜120	xhdpi	240~320
mdpi	120~160	xxhdpi	320~480
hdpi	160~240	xxxhdpi	480~640

在手机UI设计所涉及的过程中，DPI需要和相应的手机匹配，因为低分辨率的手机无法满足高DPI图片对手机硬件的需求，显示效果反而会比较差。

六、dp、pt、sp的概念

dp、pt和sp是测量单位，可以用来规范各种设备和多DPI的APP模型。dp(Dip)表示独立于设备的像素点，pt表示点；dp用在Android系统，pt用在iOS系统，但是它们本质上是相同的，主要用于描述像素与长度单位之间的关系。

dp或pt更类似物理尺寸，比如一张宽和高均为100 dp的图片在320×480像素和480×800像素的手机上"看起来"一样大。而实际上，它们的像素值并不一样。dp正是这样一个尺寸，不论屏幕密度是多少，屏幕上相同dp大小的元素看起来始终不变。另外，文字尺寸使用sp，这样，当在系统设置里调节字号大小时，应用中的文字也会随之变化。

如果按照dp、pt和sp的长度概念设计图形，按照一个标准进行设计，并按照一定的规则进行等比例缩放，在不同屏幕密度的设备上进行显示，画面内容是一样的，在保证清晰的基础上不会出现变形的情况。

七、dp和px的转换

在Android系统中，以系统密度为160 dpi的中密度手机屏幕为基准屏幕，即320×480像素的手机屏幕。在这个屏幕中，1 dp=1 px。50 dp在320×480像素（mdpi，160 dpi）的手机屏幕中是50 px。那么100 dp在480×800像素（hdpi，240 dpi）的手机屏幕中是多少px呢？我们知道，50 dp在两个手机上看起来差不多大，根据160与240的比例关系（1∶1.5），在480×800像素的手机屏幕中，50 dp实际覆盖了150 px。因此，如果为mdpi手机提供了一张100 px的图片，这张图片在hdpi手机上会拉伸至150 px，但是它们都是50 dp，如图1-8所示。

中密度和高密度的缩放比例似乎可以不通过160 dpi和240 dpi计算，而通过320 px和480 px也可以算出。但是按照宽度计算缩放比例不适用于xhdpi和xxhdpi，即720×1 280像素中1 dp

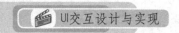

是多少 px 呢？如果用 720/320，会得出 1 dp=2.25 px，实际这样算出来是不对的。

图 1-8　mdpi和hdpi屏幕显示50 dp按钮的效果

dp 与 px 的换算要以屏幕密度为准，720×1 280 像素的系统密度为 320，320×480 像素的系统密度为 160，320/160=2，那么在 720×1 280 像素中，1 dp=2 px。同理，在 1 080×1 920 像素中，1 dp=3 px。因此发现如下规律：ldpi∶mdpi∶hdpi∶xhdpi∶xxhdpi=3∶4∶6∶8∶12，而且相隔数字之间还是 2 倍的关系。

计算的时候，以 mdpi 为基准。比如在 720×1 280 像素（xhdpi）中，1dp 等于多少 px 呢？mdpi 是 4，xhdpi 是 8，2 倍的关系，即 1 dp=2 px。反着计算更重要，比如用 Photoshop 在 720×1 280 像素的画布中制作了界面效果图，两个元素的间距是 20 px，那要标注多少 dp 呢？2 倍的关系，即 10 dp。当 Android 系统字号设为"普通"时，sp 与 px 的尺寸换算和 dp 与 px 是一样的。比如，某个文字大小在 720×1 280 像素的 PS 画布中是 24 px，那么这个文字的大小是 12 sp。

八、像素比

像素比概念需要建立在 dp 概念的基础上，dp 或 pt 本来就是为了表示同一个图像长度单位在不同分辨率的屏幕中占据了多少 px。

比如，一个图标的长度是 1 dp，在 mdpi 的手机屏幕上占用了 10 个像素，也就是 1 dp=10 px，而在 xxhdpi 的手机屏幕上占用了 30 个像素，这是因为 mdpi 屏幕和 xxhdpi 屏幕的比例是 1∶3。不同屏幕密度的像素比如图 1-9 所示。

密度	ldpi	mdpi	hdpi	xhdpi	xxhdpi
密度值	120	160	240	320	480
分辨率/像素	240×320	320×480	480×800	720×1 280	1 080×1 920
比例	3	4	6	8	12

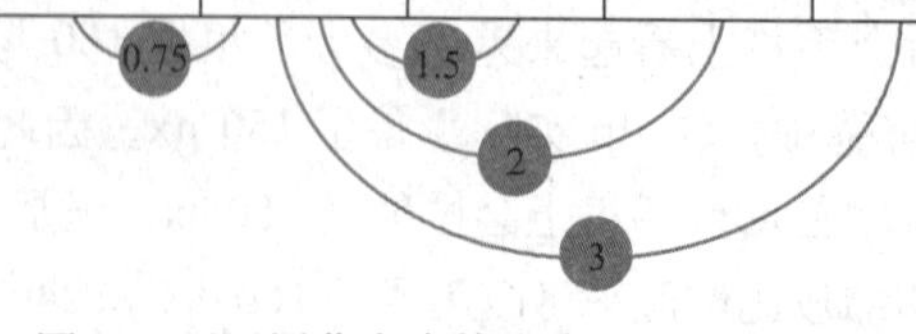

0.75　1.5　2　3

图 1-9 不同屏幕密度的像素比

认识手机 APP

当今主流的智能手机操作系统主要有 Android 和 iOS，每个系统都有各自的特点，但是随着设计的深入，风格的不断变化，Android 和 iOS 的手机 APP 界面越来越相似，很多元素都有类似的地方。

任务 1.2　查看常见手机 APP 的界面组成

任务描述

分别查看手机微信和淘宝 APP，并分析 APP 界面组成和控件。

设计思路

通过应用市场下载微信和淘宝 APP，查看并分析界面。

任务实施

（1）安装手机微信和淘宝 APP。

（2）分析两个 APP 的界面区域划分，如图 1-10 所示。

扫一扫

任务1.2
查看常见手机
APP的界面组成

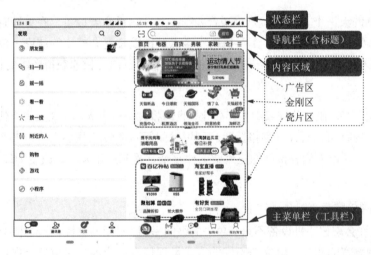

图 1-10　APP界面区域划分

小技巧

以上案例在Android系统和iOS系统手机中打开非常类似。另外，不同的APP应用中界面组成结构基本相同，但是导航栏、内容区域以及主菜单栏的展示方式可能会有所不同。

拓展任务

安装手机 QQ、手机京东等常用 APP，打开界面，分析 APP 的界面组成，并观察内容区域展示方式的区别。

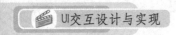

知 识 库

一、UI 设计的概念

UI 即 User Interface（用户界面）的简称。UI 设计则指对软件的人机交互、操作逻辑、界面美观的整体设计。好的 UI 设计不仅让软件变得有个性、有品味，还要让软件的操作变得舒适、简单、自由，充分体现软件的定位和特点。

二、手机 UI 设计

手机 UI 设计是手机软件的人机交互、操作逻辑、界面美观的整体设计。置身于手机操作系统中人机交互的窗口，设计界面必须基于手机的物理特性和软件的应用特性进行合理的设计，界面设计师首先应对手机的系统性能有所了解。手机 UI 设计一直被业界称为产品的"脸面"。

三、手机 UI 设计要点

1. 一目了然

首次开启应用时，每个人的脑海中都会浮现出相同的 3 个问题：我在哪里？我能够做什么？我接下来能够做什么？努力使应用立即对这些问题做出回答。如果你能够在前数秒的时间里告诉用户这是款适合他们的产品，那么他们势必会进行更深层次的发掘。

2. 输入便捷

在熙熙攘攘的大街上，人们一只手端着咖啡，另一只手拿着设备，在多数时间里，他们只使用 1 个拇指来执行应用的导航。不要执拗于多点触摸以及复杂精密的流程，珍惜用户每次的输入操作，让人们可以迅速地完成屏幕和信息间的切换和导航，快速获得所需的信息。

3. 呈用户所需

没有人喜欢等待，在移动领域中尤其如此。我们将设备带上火车，在火车上快速回复邮件，或者在走出屋子的时候查看天气预报。我们利用时间间隙来做这些小事情，来换取更多时间做真正喜欢的事。不要让人们等待你的应用做某件事情，提升应用表现，改变 UI，让用户所需的结果呈现得更快。

4. 屏幕方向可旋转

有时，你或许会忘记手机设备不只有单一的纵向呈现。对用户来说，横向体验是完全不同的。你可以利用这种更宽的布局，以完全不同的方式呈现信息。比如，之前位于屏幕上方的按键可以移动到屏幕一侧，利用更宽的屏幕呈现新的信息。

5. 应用个性化

应用市场中有数十万款应用，你或许会时常问自己，如何从如此多的同类应用中突出重围呢？用户偏好的应用类型各不相同，人们喜欢使用与他们的个性相符的应用，所以，在设计中可以适当展现你与众不同的风格。

6. 精心细节

不要低估一个应用组成中的任何一项。精心撰写的介绍和清晰且设计精美的图标会让你的应用显得与众不同。用户会察觉到你额外投入的这些精力。

四、APP 界面组成说明

如今主流的智能操作系统主要有 Android、iOS 等，这两类系统都有各自的特点和风格，在设计适配相应系统的 UI 时需要考虑不同系统之间的差异。不过随着设计的不断深入，Android 和 iOS 的应用界面越来越像，很多元素都非常相似。APP 界面一般由 4 个元素组成，分别是状态栏（Status Bar）、导航栏（Navigation）、主菜单栏（Submenu）、内容区域（Content）。

1. 状态栏

状态栏也就是位于界面的顶端，显示某些应用的图标、软件更新、连接状态、信号、电量、时间等手机常规信息。

2. 导航栏

导航栏显示 APP 应用的名称或标题，有时也包含相应的功能（如搜索、扫码等）或者页面间的跳转按钮。

3. 主菜单栏

主菜单栏提供整个应用程序的分类内容的快速跳转。

4. 内容区域

内容区域是 APP 应用的核心部分，也是手机版面中最大的区域，通常会有列表（List）、焦点（Highlight）、滚动条（Scrollbar）和图标（Icon）等多种元素，显示应用程序提供的相应内容。在不同层级的用户界面中包含的元素可以相同，也可以不同，用户可以根据实际情况合理搭配应用。在当前主流 APP 中，内容区域中还包含金刚区和瓷片区。

1）金刚区

金刚区一般是位于首图横幅广告（Banner）之下页面的核心功能区域，多以宫格的形式排列展现图标。一般情况下，一屏有 5~10 个图标。金刚区主要负责着业务导流和功能选择的作用。由于这个版块会进行灵活调整，针对不同的时间和应用场景功能会有所变化，像百变金刚一样，所以，首页功能板块被称为金刚区，如图 1-11 所示。

金刚区图标按照风格分为面型图标、图形图标、线性图标、线面结合、商品展示等类型。目前主流的 APP 主要采用面型图标和线性图标两种类型，另外根据产品的特性来进行选择，还可以划分为功能型和业务型。功能型的产品用户的自主性较强，图标较多，所以更加适用于线性图标，因为线性图标视觉上更加安静沉稳，使页面更加统一为一个整体，用户可以根据自己的实际需求对功能进行点击操作。业务型的产品更加适用于面型图标，因为面型图标视觉冲击力很强，能够快速引导用户点击，完成业务导流的作用，比如支付宝和淘宝，如图 1-12 所示。

图1-11　金刚区示意图

支付宝金刚区的功能较多，选用线性图标能使整个模块更加统一，用户可以根据自己的需求进行点击；而淘宝作为一个资源品类丰富的电商平台，金刚区需要担任导流的作用，选用具有较强视觉冲击的面性图标能更好地引导用户进行选择。

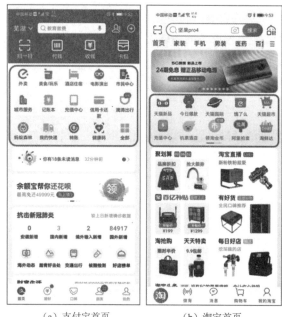

（a）支付宝首页　　　（b）淘宝首页

图 1-12　支付宝和淘宝APP首页界面中的金刚区

2）瓷片区

瓷片区是表现形式为图文混排的运营位，由于视觉外观看上去就像一块块瓷片贴在版面上，所以称为"瓷片区"，如图 1-13 所示。

（a）淘宝首页　　　（b）小米有品首页

图 1-13　瓷片区示意图

瓷片区根据选图主要分为实物图片类和插图类，分别如图1-14和图1-15所示。在设计瓷片区时，以提高用户点击率为目的，在选图、文字、背景和排版上，都要制订一定的设计规范。

图1-14 实物图片类瓷片区

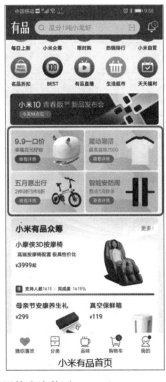

图1-15 插图类瓷片区

小技巧

（1）不同区域的尺寸和手机系统、手机分辨率有关系。

以Android系统720×1 280像素尺寸为例，状态栏高度为50像素，导航栏高度为96像素，主菜单栏高度为96像素，内容区域高度为1 038像素（1 280–50–96–96=1 038）。

以iOS系统750×1 334像素尺寸为例，状态栏高度为40像素，导航栏高度为88像素，主菜单栏高度为98像素，内容区域高度为734像素（960–40–88–98=734）。

（2）通常，手机UI界面会按照最常用、最大尺寸的屏幕进行制作，然后分别为不同尺寸的屏幕切出一套图，这样就可以保证大部分的屏幕可以正常显示。

UI 设计基本流程实操

在一个完整的UI设计项目中，主要包括用户需求、绘制草图、绘制低保真原型（线框图）、设计高保真效果图、动效设计等过程，期间每个步骤都需要UI设计团队反复调研、讨论、反馈和修改，也会涉及一系列和UI设计相关的软件，如图1-16所示。

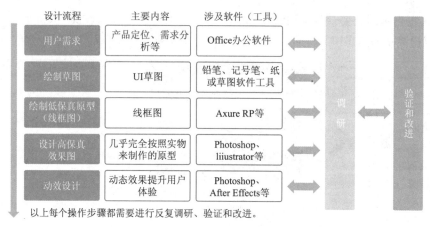

图 1-16 UI设计基本流程图

任务 1.3 民宿 APP UI 设计

任务描述

现在生活节奏越来越快，生活压力越来越大，人们喜欢通过旅行释放更多的生活压力。外出旅行时，必定要考虑居住，除了大型酒店和快捷酒店外，民宿也成为越来越多人们的选择。民宿有别于旅馆或饭店的特质，也许没有高级奢华的设施，但它能让人们体验当地风情、感受民宿主人的热情与服务，并体验有别于以往的生活。随着互联网的发展，越来越多的 APP 开始为旅行者提供优质的民宿资源。本任务拟参考几款 APP 设计，为喜欢旅游、体验生活的人们设计一款民宿 APP。

设计思路

按照 UI 设计基本流程进行项目设计，首先分别进行用户需求了解、绘制草图、绘制线框图和利用 Photoshop 设计高保真效果图 4 个主要步骤。

任务实施

1. 了解用户需求

1）产品定位
产品定位主要包括产品定义和需求定义，具体内容见表 1-4。

2）需求分析
产品定位完成之后，就是竞品分析和用户调研，一方面这是对需求进行一定的验证，另一方面这也是直接接触用户的一个机会，调查用户的需求。

（1）竞品分析。竞品分析可以从 APP 产品宣传语及定位、APP 下载量及排名、视觉交互设计等多个方面进行分析。本书选择途家、木鸟、小猪 3 个民宿 APP，以普通用户的身份登录，然后重点从功能结构和界面设计进行竞品分析。首先对 APP 首页界面进行分析，如图 1-17 所示。底部主菜单栏作为用户打开 APP 功能的直观展示部分，3 个 APP 的底部导航栏均包含发现、消息、我的（我）3 个功能。按照普通用户身份对 3 个 APP 信息结构进行分析，结果见表 1-5。

表 1-4　民宿APP产品定位

类　型	项　目	内　容
产品定义	适用人群	能使用互联网APP产品
	主要功能	在线找民宿
	产品特色	基于位置找民宿、特色推荐、民宿故事
需求定义	目标用户	热爱旅行，追求高品质体验感且高性价比住宿需求的群体
	使用场景	当外出旅行前或旅行中，需要住宿
	用户目标	找到适合自己旅行的民宿

（a）途家首页　　　　　（b）木鸟　　　　　（c）小猪

图 1-17　三款民宿APP首页界面对比

表 1-5　APP信息结构分析（普通用户身份）

	途　家		木　鸟		小　猪
首页	首页广告展示位	推荐	首页广告展示位	发现	首页广告展示位
	房源搜索		消息广告区域		房源搜索
	消息广告区域		房源搜索		金刚区
	金刚区		特惠好房		消息广告区域
	网红美宿		热门入住地		超值特惠
	必睡清单		城市主题		推荐美宿
	超值特惠		网红民宿		/
	品牌民宿		热门民宿		/
	房东故事		特色主题房型		/
	美宿种草机		体验分享		/
收藏	房屋	发现	推荐	收藏	房屋
	房东		网红民宿		/
	榜单		体验分享		/
	发现		特色房源		/

续　表

途　家		木　鸟		小　猪	
发现	精选	订单	进行中订单	/	/
	收藏热榜		已结束订单		/
	其他热门标签		/		/
			/		/
消息	各类消息	消息	各类消息	消息	各类消息
我的	基本信息	我的	基本信息	我	我的订单
	我的订单		优惠券		我的钱包
	内容管理		邀请好友		我的特权
	浏览历史		浏览收藏		更多功能
	常用信息		积分		/
	开票信息		求租		/
	邀请好友		我的故事		/
	在线客服		我的评价		/
	卡包		开具发票		/
	安全中心		意见反馈		/
	托管加盟		/		/

　　总体来说，3个APP的功能较为类似，只是侧重点有所不同，相比而言途家内容较为丰富，面面俱到；小猪内容较为简洁，重点放在房源推荐上；木鸟介于两者之间。尽管有部分栏目标题表达方式不同，实际是同一类型的内容。

　　（2）确定民宿APP的信息功能结构。结合竞品分析及产品分析等，确定民宿APP的信息结构，具体如图1-18所示。

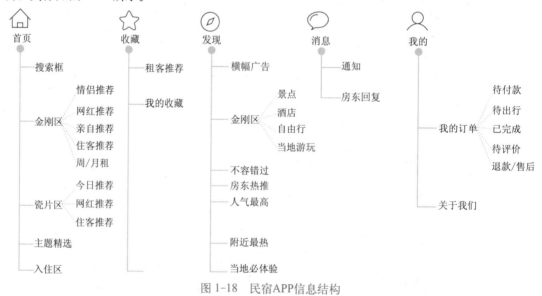

图1-18　民宿APP信息结构

2．绘制草图

　　在用户需求的基础上，根据民宿APP信息结构用纸和笔绘制草图。下面主要绘制登录页和首页的草图，如图1-19所示。

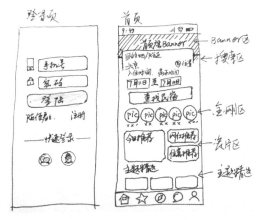

图 1-19 登录页和首页草图

3. 绘制线框图

利用 Axure RP 绘制线框图，如图 1-20 所示。

4. 利用 Photoshop 设计高保真效果图

利用 Photoshop 按照 Axure 设计的原型进行高保真效果图的设计，如图 1-21 所示。效果图高度还原实际效果，在进行路演和产品介绍时更加直观。

图 1-20 线框图

图 1-21 高保真效果图（视觉图）

拓展任务

拟开发徜徉红途旅游 APP，通过以上案例设计过程分析项目的具体需求，并绘制草图。

知 识 库

一、用户需求

用户需求包括产品定位和需求分析两个模块。在产品定位中包含两大部分的内容，产品定义和需求定义。如图 1-22（a）所示，产品定义要分析的内容包含产品的使用人群、主要功能和产品特色；需求定义包含目标用户、使用场景、用户目标 3 个方面。需求分析主要包括竞品分析和用户调研，具体内容如图 1-22（b）所示。

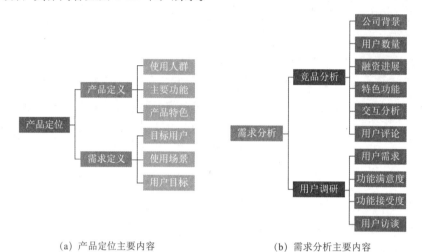

(a) 产品定位主要内容　　　　　　　　　(b) 需求分析主要内容

图 1-22　用户需求

二、绘制草图

草图通常用于产品的概念阶段，如图 1-23 所示。项目立项时，大家对于产品的功能及业务场景都处于一个规划阶段，没有明确成熟的产品方案。团队成员在进行项目规划时进行一些头脑风暴的会议，这时需要一个能够快速呈现产品雏形的原型，且便于及时修改。草图不需要特别精确，只要能够把整体布局及重要模块表现出来即可，不要让对方的注意力被吸引到设计的表象上去。另外，如果翔实程度过高，就会过早地把我们框入到既定的创意范围内，并刺激我们在完美程度上钻牛角尖。但是通过纸和笔，就可以避免很多这一类陷阱。从心理学角度，看非正式的草图，会比看精心修饰过的内容更容易激发观看者提出建设性的意见。严格意义上，草图也只一种基础的原型图。

在绘制 UI 草图时，可能会用到表 1-6 所示的工具。其外观如图 1-24 所示。

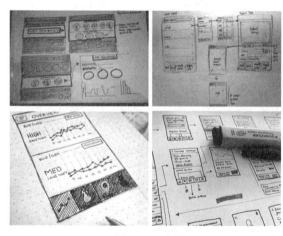

图 1-23　草图

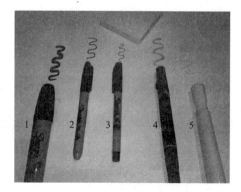

图 1-24　常见绘制草图工具

表1-6 绘制草图推荐工具列表

序 号	工 具	作 用
1	宽记号笔	突出表现对象时使用
2	细记号笔	用于绘制主要图形
3	超细记号笔	用于绘制较小的细节
4	30%或40%灰色马克笔	用于添加阴影以及让特点区域深入背景中
5	黄色荧光笔	用于绘制关键点，例如交互区域
6	各类绘图纸	包含白纸、便利贴等

三、绘制低保真原型（线框图）

当我们明确了产品的业务需求及使用场景以后，产品经理和交互设计师们可以使用低保真原型来较快速地设计产品的概貌。产品经理和交互设计师们通过项目早期阶段已经明确了产品的功能需求及业务范围，基本上已经知道了产品需要做什么。根据业务会议确定的产品方案，首先需要梳理清楚产品的功能结构和信息结构，根据业务需求推导出详细的功能点。通过这些工作，产品的战略目标、需求范围、功能结构都已经清楚了，下面就可以正式开始绘制线框图了。线框图又称为低保真原型，低保真原型阶段不要考虑界面元素的配色以及各功能的交互跳转及动画效果。

线框图可以帮助用户准确地拆分页面，以及每个页面的功能模块和展示信息，确定每个页面元素的界面布局。线框图与草图相比较而言，视觉显示及意图表达上更准确了。线框图的绘制必须借助于原型设计工具，一般情况下可以使用 Axure 绘制线框图，利用 Axure 提供的系统元件可以快速完成线框图的绘制。线框图中的元素布局以及功能模块需要无限接近产品上线后的样子，如图1-25所示。

图1-25 低保真原型图（线框图）

四、设计高保真原型（效果图）

高保真原型是与最终装到手机上的效果相同的原型，通常也称视觉稿或效果图。高保真原型常用于进行产品或产品概念的演示。高保真原型又可以称为产品演示稿（Demo），除了没有真实的后台数据进行支撑外，几乎可以模拟前端界面的所有功能。

高保真原型需要在低保真的基础上进行配色，插入真实的图片及 icon 图标。利用 Photoshop 等软件对视觉进行细化设计，针对性地为图形添加阴影、高光、质感等效果。还可以充分利用 Axure 中每一类元件的样式及专有的交互属性为原型增加保真度，为相关的元件及页面添加交互事件、配置交互动作。这样从视觉显示及交互设计来看，就是一个完全高仿的 Demo 原型。

五、手机 APP UI 设计规范

在设计高保真效果图时，需要考虑不同版本的手机都有不同的尺寸，针对繁杂的设备尺寸，

合理地分配界面中的各个元素以及对界面中文字的适配都是非常重要的环节。在针对 iOS 系统手机 APP 进行 UI 设计时，按照 750×1 334 像素做设计稿，然后切图 2 套即可（@2x 和 @3x）。在设计 Android 系统手机 APP 界面时，如果想适配 iOS，可以按照 720×1 280 像素进行设计。除界面尺寸以外，还有文字、图标、配色等一系列设计规范。

1. 画布尺寸

如果设计的 Android 界面需要同步适配 iOS，可以新建 720×1 280 像素的画布，分辨率为 72 像素/英寸。如果单独设计 Android 界面，可以新建 1 080×1 920 像素的画布，分辨率为 72 像素/英寸。如果仅需要适配 iOS，用 Photoshop 做设计稿就用 750×1 334 像素，如果是用 Sketch 或 XD 来设计，常用 1 倍尺寸，也就是 375×667 像素或 375×812 像素（iPhone X）。

2. 字体大小

在 720×1 280 像素画布上，字体大小有 24 像素、26 像素、28 像素、30 像素、32 像素、34 像素、36 像素等，为偶数，最小字号是 20 像素。

3. 图标大小

在 Android 系统中，图标主要分为应用图标和系统图标，根据不同屏幕密度，图标设计尺寸有相应不同，具体见表 1-7。

表 1-7　Android图标尺寸大小规范

图标用途	mdpi（160 dpi）/像素	hdpi（240 dpi）/像素	xhdpi（320 dpi）/像素	xxhdpi（480 dpi）/像素	xxxhdpi（640 dpi）/像素
应用图标	48×48	72×72	96×96	144×144	192×192
系统图标	24×24	36×36	48×48	72×72	196×196

在 iOS 系统中，不同类型设备的图标尺寸也有所不同，具体见表 1-8。

表 1-8　iOS图标尺寸大小规范

设备名称	应用图标/像素	APP Store图标/像素	Spotlight图标/像素	设置图标/像素
iPhone X、8、7、6s、6s	180×180	1 024×1 024	120×120	87×87
iPhone X、8、7、6s、6、SE、5s、5c、5、4s、4	120×120	1 024×1 024	80×80	58×58
iPhone 1、3G、3GS	57×57	1 024×1 024	29×29	29×29
iPad Pro 12.9、10.5	167×167	1 024×1 024	80×80	58×58
iPad Air 1 & 2、Mini 2 & 4、3 & 4	152×152	1 024×1 024	80×80	58×58
iPad 1、2、Mini 1	76×76	1 024×1 024	40×40	29×29

在进行 Android 和 iOS 图标设计时，设计师主要制作 1 024×1 024 像素的图标即可，把资源交给程序员，然后根据具体需要由程序员自行导出即可。

单元总结

本单元首先完成查看手机屏幕参数的任务，在此基础上理解屏幕尺寸、分辨率、网点密度、屏幕密度、dp、pt、sp、像素比等概念。通过查看常见手机 APP 的界面组成任务，理解什么是 UI 设计和手机 UI 设计、设计要点以及 APP 界面组成。最后通过民宿 APP UI 设计的完整流程展示，理解用户需求、绘制草图、绘制低保真原型、设计高保真原型以及手机 APP UI 设计规范等内容。

单元2
交互式原型设计

单元导读

信息化高速发展的今天，用户有很多实现自己想法的方式，如Web，APP等。但是用户毕竟不是专业人士，无法清晰和完整地表达出自己的需求，产品交互式设计原型就能很好地表达出用户的真实需求。这里使用Axure RP软件制作软件产品的交互原型，向用户展示产品的功能和设计，使用户能直观地了解产品的具体功能。同时项目组成员之间还可以相互沟通，提高了工作效率，降低了沟通成本。

单元要点

> ➤认识软件原型设计；
> ➤了解Axure RP软件界面结构；
> ➤了解站点地图的使用；
> ➤熟练掌握部件库的使用；
> ➤掌握母版的使用；
> ➤熟练掌握动态面板的使用；
> ➤掌握如何设计丰富的交互效果。

规划软件原型结构

软件设计阶段，交互设计师常常需要使用一些工具（如 Visio、Axure RP、Flash 或者直接用笔和纸）制作草稿或者原型来表达设计思想。在实际项目过程中有 3 种，分别是草图原型，低保真原型和高保真原型。

Axure RP 是美国 Axure Software Solution 公司的旗舰产品。它是一个专业的快速原型设计工具，让负责定义需求和规格、设计功能和界面的专家能够快速创建应用软件或 Web 网站的线框图、流程图、原型和规格说明文档。作为专业的原型设计工具，它能快速、高效地创建原型，同时支持多人协作设计和版本控制管理。

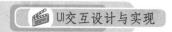
任务2.1 徜徉红途 APP 项目规划

任务描述

在制作软件原型时，要规划好 APP 的各个功能模块，以及每个模块下面对应的每个子模块的功能，利用 Axure RP 可以很方便地建立整个项目结构。

本任务设计的旅游 APP 软件，有 5 个大的功能模块：首页、行程、定制、游记和我的。

➢ 首页：很多 APP 都会有的一个模块，主要展示一些综合信息和推荐信息。

➢ 行程：为游客规划好从出发地到目的地的游玩学习安排。

➢ 定制：针对有特殊需求的用户，安排满足其需求的行程单。

➢ 游记：对旅游进行心情和观后感进行记录，也可以针对游览记录进行相应的评价，供其他用户参考借鉴。

➢ 我的：个人账户管理、设置，订单管理等信息。

以上 5 个模块还对应有二级子模块，如图 2-1 所示。

➢ 首页模块中有广告轮播、精选模块、生活模块、热门推荐。

➢ 行程模块中有热门行程推荐。

➢ 定制模块中有省内游、省外游、周边游、火车票、报团等定制。

➢ 游记模块中有精品游记、我的游记。

➢ 我的模块中有账户管理、我的订单、我的定制、我的游记、我的收藏等。

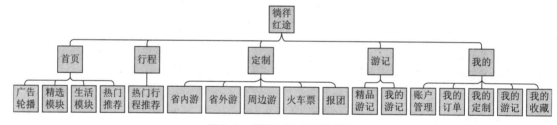

图 2-1 徜徉红途项目流程图

设计思路

采用 Axure 的站点地图功能来规划整个 APP 项目，5 个模块下面还有对应的二级模块。每个模块对应一个页面，调整好他们的层级关系，可以一键生成项目流程图。

任务实施

（1）打开 Axure 软件，开始徜徉红途 APP 项目规划设计。在弹出的欢迎界面中，选择"新建文件"，在左侧的"页面管理器"中，将 index 页面选中，右击选择"重命名"为"徜徉红途"，如图 2-2 所示。

（2）选中 page1，再点击页面管理器上方工具栏的"添

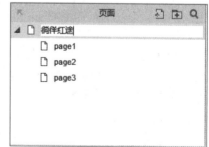

图 2-2 页面管理器

加页面"（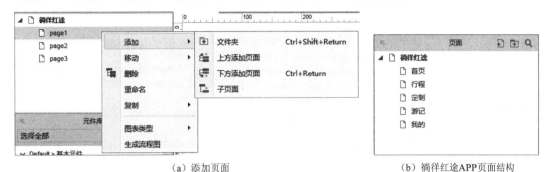）按钮，或者右击 page1，在弹出的快捷菜单中选择"添加"→"上方添加页面"或"在下方添加页面"命令，如图 2-3（a）所示。在徜徉红途下面建立 5 个页面，分别重命名为："首页""行程""定制""游记"和"我的"，如图 2-3（b）所示。

（a）添加页面　　　　　　　　　　（b）徜徉红途APP页面结构

图 2-3　步骤（2）

（3）在首页页面新增 4 个子页面，先选中"首页"页面，然后有两种方式进行操作：一种是通过页面管理器的工具栏"添加页面"命令添加 4 个页面，然后将四个页面按住【shift】键连选，右击，在弹出的快捷菜单中选择"移动"→"降级"命令，如图 2-4(a) 所示；第二种是直接右击，在弹出的快捷菜单中选择"添加"→"子页面"命令，如图 2-4(b) 所示。然后将四个页面分别重命名为"广告轮播""精选模块""生活模块"和"热门推荐"，如图 2-4(c) 所示。

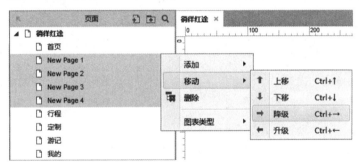

（a）页面层级关系调整

（b）添加子页面来建立层级关系　　　　　　（c）首页模块下级页面关系

图 2-4　步骤（3）

（4）在行程页面中新增 1 个子页面，命名为"热门行程推荐"，如图 2-5 所示。

（5）在定制页面中新增 5 个子页面，分别命名为"省内游""省外游""周边游""火车票""报团"，如图 2-6 所示。

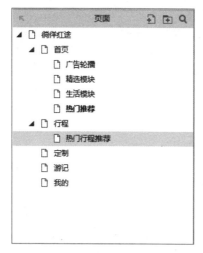

图 2-5　行程模块下级页面关系

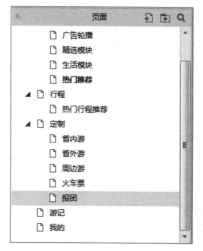

图 2-6　定制模块下级页面关系

（6）在游记页面中新增 2 个子页面，分别命名为"精品游记""我的游记"，如图 2-7 所示。

（7）在我的页面中新增 5 个子页面，分别命名为"账户管理""我的订单""我的定制""我的游记""我的收藏"，如图 2-8 所示。

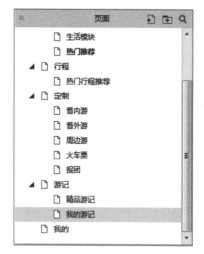

图 2-7　游记模块下级页面关系

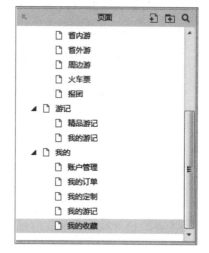

图 2-8　我的模块下级页面关系

（8）将徜徉红途根页面选中，右击，在弹出的快捷菜单中选择"生成流程图"，如图 2-9 (a) 所示。在弹出的"生成流程图"对话框中选择图表类型为"向下"或"向右"，如图 2-9 (b) 所示。这里指的是流程图的走向，此处选择"向下"。

（9）这样徜徉红途旅游 APP 的项目结构就建立完成了，然后可以按照各个功能模块进行原型设计。根据项目结构生成项目流程图，能更加直观地看出项目的大致结构关系，如图 2-1 所示。

(a) 根据页面关系生成对应的流程图   (b) 流程图的图标类型

图 2-9 步骤（8）

小技巧

（1）添加页面时，如果没有选中任何页面，通过工具栏添加页面，那么新页面会和根页面同等级；若选中某个页面再去添加页面，那么新页面会和该页面同等级，默认名称为"New Page 1" "New Page 2" ..."New Page N"。

（2）如果页面级别错了，可以通过鼠标右键快捷菜单中的"移动"→"降级"/"升级"命令来修改，或直接使用快捷键来修改："降级"【Ctrl+→】；"升级"【Ctrl+←】。

拓展任务

微信 APP 流程图绘制：利用本任务所学的知识和技能，完成微信 APP 的流程图，效果图如图 2-10 所示。

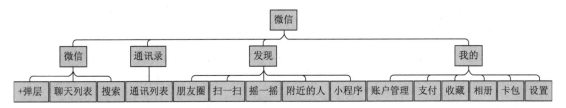

图 2-10 微信APP流程图制作

提示

了解各个区域的基本作用以及软件格局，在后面的任务中会详细介绍各个部分的使用。

知 识 库

一、认识 Axure 工作界面

运行 Axure 软件，整个软件界面大致可以分为菜单栏区域、工具栏区域、页面管理区域、元件库、母版管理区域、页面工作区域、页面属性区域、页面部件管理区域，如图 2-11 所示。

图 2-11　Axure RP软件界面结构

1．菜单栏区域

菜单栏区域主要包括软件的一些常规操作和功能，如文件、编辑、视图、项目、发布、团队和帮助。

2．工具栏区域

工具栏区域主要存放使用率相对比较高的操作按钮，如文件、选择、撤销、缩放等。

3．页面管理区域

页面管理区域主要呈现软件的大致结构，整个软件由哪些页面组成，以及这些页面之间的关系，可以对页面进行添加、移动、删除，重命名等操作。

4．元件库

元件库包含了可以直接利用的元件，如基本元件、表单元件、菜单和表格元件、标记元件、以及自定义元件和下载安装元件，需要哪个元件，选中直接拖动到工作区域即可。

5．母版管理区域

母版管理区域用来设计一些可以被共用的模块，一次设计可以被多次使用，大大减少重复的工作量，从而提高效率。

6．页面工作区域

页面工作区域是用来绘制原型的工作区域,大部分操作都在这里完成,如利用元件搭建界面，及交互效果制作等。

7．页面属性区域

页面属性区域包括页面属性说明、样式三项。属性标签主要是用来设计一些列交互效果，如单击、双击、拖动等；说明标签主要是添加页面注释；样式标签主要是用来设置样式，如大小、对齐、颜色等。

8. 页面部件管理区域

用来管理当前页面中的所有部件，可以选中元件进行复制、剪切、删除、隐藏等操作。

二、页面管理区域的使用

页面管理区域分为上、下两个部分，上半部分是一些操作按钮，可以"添加页面""添加文件夹"和"查找"；下半部分是整个项目中的所有页面及其关系，呈树状结构，它和 Windows 的目录结构很相似，父与子的关系、兄弟的同级关系，通过页面管理器能够清晰地表达出软件的整体功能模块的设计思路。

页面管理主要是针对页面进行添加、删除、重命名、调整页面层级和顺序等进行操作，大部分操作是利用右击弹出的快捷菜单来完成。当然，添加页面和文件夹可以利用上方的功能按钮来实现。

利用元件搭建 APP 原型界面

Axure 元件库提供了很多元件，默认包括基本元件、表单元件、菜单和表格以及标记元件。另外，还有流程图元件、图标元件，同时也可以自己创建新的元件或下载元件。这些都是用来做原型的零部件，如同一块块积木，可以搭建出想要的成品。每个元件都会有对应的属性，熟练正确地使用这些元件，就可以搭建出想要的原型。

任务 2.2　注册界面搭建

任务描述

注册界面是很多网站和 APP 所必须的界面。现在经常见到的 APP 注册界面已经变得非常简单了，最简单的方式应该是第三方登录了，如单击微信、QQ、微博等图标来实现一键登录。但这种方式也存在问题，很多用户不只有一个微信、QQ、微博等，这会造成登录的错乱。现在经常看到的注册页面基本都是手机号 + 验证码 + 密码的方式。

下面利用 Axure 元件库来搭建旅游 APP 的注册界面，完成图 2-12 所示的效果。

扫一扫

任务2.2
注册界面搭建

设计思路

按照移动 UI 设计规范，利用元件库中基本元件和表单元件来搭建注册界面。

任务实施

（1）打开 Axure 软件选择 "新建文件"，重命名 index 为"注册界面"，利用基本元件的矩形绘制一个宽高为 375×667 像素的矩形，给该元件命名为"背景"。拖动矩形元件到工作区域，默认的矩形元件的宽高为 300×170 像素，可以利用鼠标拖动对角来调整大小，也可直接在页面属性区域中设置宽高数值为 375×667 像素。将背景矩形填充为淡黄色（#FFFF99），如图 2-13 所示。

（2）绘制一个宽高为 375×64 像素的矩形，填充色为红色（#FF0000），作为状态栏和导航栏部分，如图 2-14 所示。

（3）拖动图片元件到工作区域，双击图片，选择要插入的图片"状态栏 .png"，调整图片大小，状态栏高度为 20 像素， 如图 2-15 所示。

图 2-12　注册界面

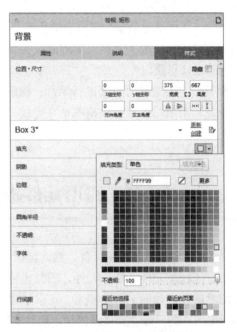

图 2-13　背景矩形框样式属性

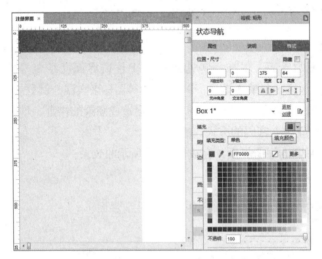

图 2-14　徜徉红途项目流程图

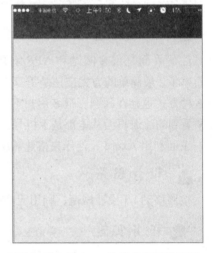

图 2-15　插入png的状态栏图片素材

（4）在导航栏部位插入一个左箭头，将元件库 icons 选项中的"单角符 - 左"拖动到工作区域，并调整好大小，放置于左侧。选中基本元件中的"一级标题"元件，拖动到页面工作区域，按【Enter】键（或双击），输入"手机注册界面"文字。在页面属性区域的"样式"选项卡中，设置文字大小为 17，颜色为淡黄色 (#FFFF33)。选中底部红色背景矩形，按住【Shift】键选中文字"手机注册界面",用工具栏中"对齐"→"左右居中"命令(或【Ctrl+Alt+C】组合键)实现居中对齐,如图2-16所示。

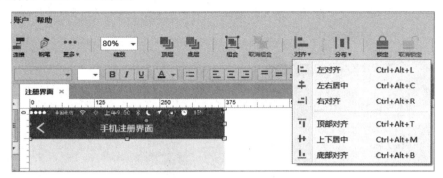

图2-16 文字居中对齐

(5)在工具栏中将选择选中为"包含选中",在工作区域拖动鼠标选中红色矩形包含的所有元件,选择工具栏中的"组合"按钮(或【Ctrl+G】组合键),进行组合,并在属性框中对该组重命名为"头部",如图2-17所示。

(6)拖动图片元件到工作区域,调整大小80×80像素,并设置居于背景左右居中,该图片主要用于放置"徜徉红途"APP图标。再拖动表单元件的"下拉列表"元件到工作区,设置为50×33像素,用于放置手机号码的国际区号,在"样式"选项中设置填充色为无,双击该元件,在弹出的"编辑列表选项"对话框中设置值,按上方"+"按钮添加四个国际区号,并将第一个"+86"中国国际区号前面的复选框选中,作为默认值,如图2-18所示。

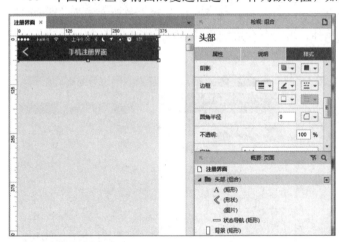

图2-17 将各个元件组合成头部

图2-18 手机号码下拉列表

(7)拖动表单元件中的"文本框"元件到工作区,在"样式"选项卡中调整好大小,并将填充色设置为无,如图2-19(a)所示。在"属性"选项卡中将"提示文字"设置为"输入手机号码",最大长度为11,"隐藏边框",如图2-19(b)所示。

(8)拖动基本元件中的"水平线"到工作区域,并调整好大小,置于手机号码和图标的下方。将国际区号(下拉列表框)、(水平线)和手机号码(文本框)全部选中,按【Ctrl+G】组合键进行组合,命名为"手机号码",调为左右居中于背景图片,如图2-20所示。

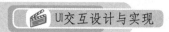

（9）选中"手机号码"组合，按住【Ctrl+Shift】组合键直接拖动鼠标向下复制一个副本，并将整个组合更名为"验证码"，并将国际区号下拉列表删除，添加一个文本标签文字设置为"验证码"，将表单中的提示文字改为"输入验证码"，缩短预留"获取验证码"的按钮宽度。

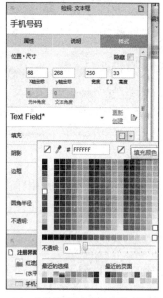

（a）手机号码输入文本框样式设置　　　（b）手机号码输入文本框属性设置

图 2-19　步骤（7）

（10）拖动基本元件中的"按钮"元件到工作区域，按【Enter】键，修改文字为"获取验证码"。在"样式"选项卡中修改样式属性，填充色和边框为"无"，文字大小为 16，颜色为蓝色（#3366FF），如图 2-21 所示。

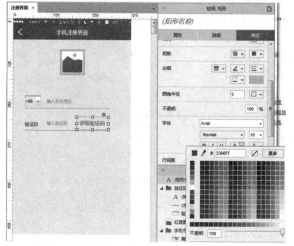

图 2-20　手机号码输入模块组合　　　　图 2-21　获取验证码样式设置

（11）拖动"主要按钮"图片元件到工作区域，双击元件修改文字为"登录"，将文字大小调整为 18，加粗，并位于背景左右居中。再利用"文本标签"元件在登录按钮下方添加文字"登录即表示同意《徜徉红途 APP 协议》"。

（12）拖动"水平线"元件在工作区绘制一条宽度为 98 像素的水平线，在按住【Ctrl】键向右拖动复制一份到合适位置，利用"文本标签"添加"第三方登录方式"文本，将三个元件全部选中，执行工具栏中的"对齐"→"上下居中"命令（或【Ctrl+Alt+M】组合键），及"分布"→"水平分布"命令（或【Ctrl+Shift+H】组合键），然后将他们组合为一组，命名为"第三方"，调整组合居于背景中央，如图 2-22 所示。

（13）拖动"椭圆形"元件在工作区绘制圆，按住【Shift】键利用鼠标缩小调整大小为 55×55 像素，按住【Enter】键在圆中输入"微信"。将圆选中，按住【Shift+Ctrl】组合键向右拖动，复制两个备份，并分别将里面的文字更改为"QQ""微博"然后将三个元件选中，设置为"水平分布"后，按【Ctrl+G】组合键进行组合后，调整组合居于背景中央，如图 2-12 所示。

> **小技巧**
>
> 组合元件：利用【Shift】键进行元件连选，按【Ctrl+G】组合键进行组合，组合后是作为一个整体来看待，再进行排版对齐。

拓展任务

APP 登录界面设计：利用本任务所学的知识和技能，完成我们熟悉的 APP 登录界面的制作，效果如图 2-23 所示。

图 2-22 第三方登录制作

图 2-23 某 APP 登录界面

> **提示**
>
> 对于背景中出现的不规则形状可以通过将基本形状先转换成自定义形状，然后通过调整锚点实现不规则形状的绘制。
>
> 登录框底部的灰色边框，可以通过绘制黑色矩形框，调整透明度的方式呈现。

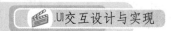

知 识 库

一、基本元件

基本元件主要包括矩形、椭圆形、图片、占位符、按钮、标题、标签、水平线和垂直线、热区、动态面板、内联框架、中继器等。其中动态面板、内联框架和中继器使用起来相对复杂，可以用来实现丰富的交互效果。

1. 矩形，椭圆形和占位符

这三种元件很相似，可以用作基本形状绘制，作为背景等，其中占位符更强调占位作用，用来说明页面某个区域位置用来放什么。

拖动一个矩形元件到工作区，可以调整坐标位置，设置宽度和高度、填充背景色、设置阴影、边框、圆角半径等属性，如图 2-24 所示。

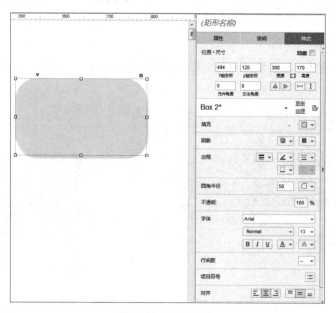

图 2-24　矩形元件

可以将这些基本形状转换成不规则的自定义形状，按照用户需求进行编辑。选中矩形，右击，在弹出的快捷菜单中选择"转换为自定义形状"，这时形状周围会出现若干个锚点，利用鼠标调整锚点的位置，也可以在线上单击鼠标添加新的锚点，或者选中这个锚点，单击右键删除（或将该点转为曲线或直线），如图 2-25 所示。

绘制的形状还可以转换成图片，那就不可以再对形状进行重新编辑了。如图 2-26 所示

图 2-25　锚点转换

2. 图片

该元件用来展示产品 Logo、图标等，拖动图片部件到工作区，

双击图片，选择要插入图片。如果图片过大，会弹出提示框，询问是否进行优化，选择“是”会对图片进行优化，降低图片的质量，否则按照原质量显示。

如果图片需要修剪，Axure 有分割图像和裁剪图像功能，选中图片，右击，在弹出的快捷菜单中选择“分割图片”→“剪裁图片”命令，如图 2-27 所示。其中“分割操作”主要是切割图片以十字形、横向或纵向将图片切割成若干份；“剪裁图片”主要从四周向中心位置裁剪掉四周不需要的图片部分。

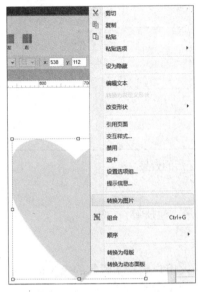

剪切
复制
粘贴
粘贴选项
设为隐藏
编辑文本
改变形状
引用页面
交互样式...
禁用
选中
设置选项组...
提示信息...
转换为图片
组合 Ctrl+G
顺序
转换为母版
转换为动态面板

图 2-26 形状转换成图片

剪切
复制
粘贴
粘贴选项
设为隐藏
编辑文本
导入图片
分割图片 Ctrl+6
裁剪图片 Ctrl+7
固定边角范围
优化图片
交互样式...
禁用
选中
设置选项组...
提示信息...
组合 Ctrl+G
顺序
转换为母版
转换为动态面板

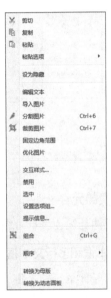

图 2-27 分割/裁剪图片

3. 标题，标签和段落

Axure 提供了三种标题元件：一级标题、二级标题和三级标题。这些标题元件一般设置为加粗、黑色（#333333），大小分别为 32 号、24 号和 18 号，如图 2-28 所示。

文本标签元件是单行文本，文本段落是多行长文本段落，如图 2-29 所示。

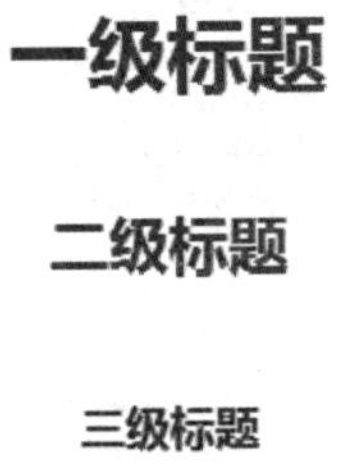
一级标题
二级标题
三级标题

图 2-28 标题文字

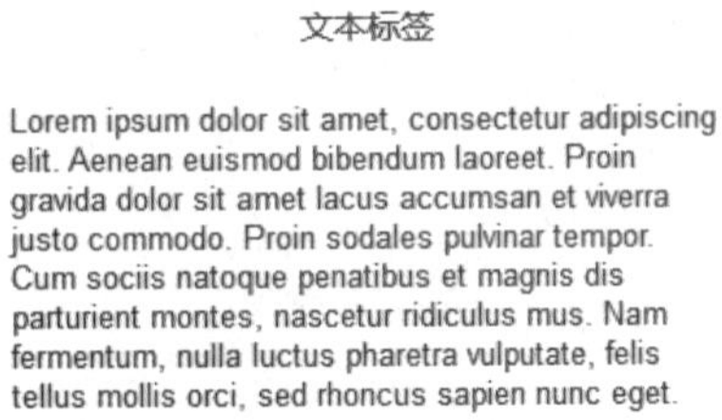
文本标签
Lorem ipsum dolor sit amet, consectetur adipiscing elit. Aenean euismod bibendum laoreet. Proin gravida dolor sit amet lacus accumsan et viverra justo commodo. Proin sodales pulvinar tempor. Cum sociis natoque penatibus et magnis dis parturient montes, nascetur ridiculus mus. Nam fermentum, nulla luctus pharetra vulputate, felis tellus mollis orci, sed rhoncus sapien nunc eget.

图 2-29 文本段落

4. 热区

热区是为在某块区域添加链接的行为使用的，一般鼠标一放上去箭头会变成小手形状。该元件的使用频率比较高，我们在制作 APP 原型时，会给图片动态面板上添加热区，以达到特定的交互效果，如图 2-30 所示。

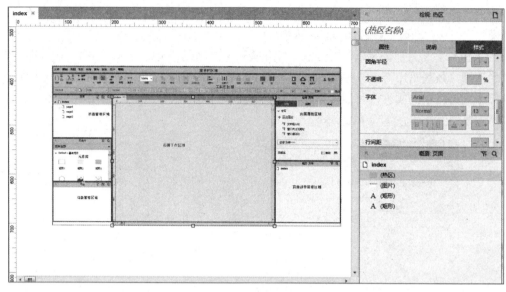

图 2-30　放置热区后的效果

二、表单元件

基本元件是设计表单时经常用到的元件，如登录、注册等。

1. 文本框和多行文本框

文本框元件单行输入框，例如经常我们用于输入用户名，密码等的输入框。在属性选项卡中可以设置文本框的输入类型包括"Text""密码""邮箱""电话"等，如图 2-31（a）所示。还可以设置文本框提示文字如"请输入手机号"，在"提示样式"中可以设置提示文字的样式。设置文本框能输入的最大的文字数，还可以隐藏边框，设置只读和禁用等，如图 2-31（b）所示。

多行文本框，也就是可以容纳多行文本内容，如果文本内容超出了多行文本框显示区域时，会在右侧出现滚动滑块，一般用作一些登录协议的展示。

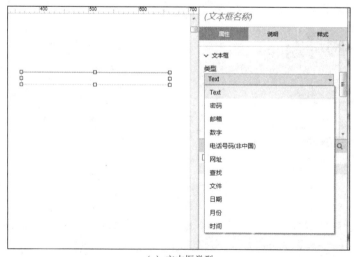

（a）文本框类型

图 2-31　文本框元件

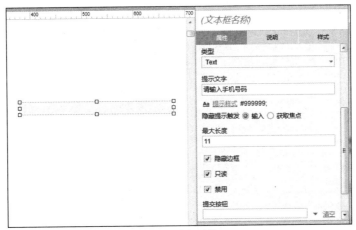

(b) 文本框属性

图 2-31 文本框元件（续）

2. 下拉列表框和列表框

下拉列表框可以在很小的区域内下拉显示很多内容，例如很多 APP 用来显示城市的下拉列表框。列表框则需占用更大的区域才能将内容展示完全，如图 2-32 所示。

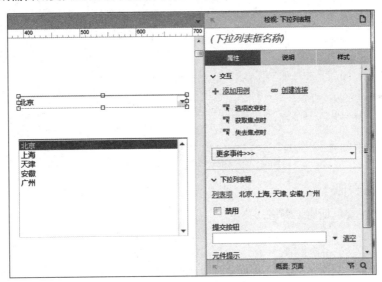

图 2-32 下拉列表框属性

双击列表元件，可以进行列表项的编辑，设置默认选中项，勾选前面的复选框，列表框元件的默认选择选项可以是多个，如图 2-33 所示。

3. 复选框和单选按钮框

每次只能选中一个选项时需要使用单选按钮元件，在制作时要将这组单选按钮设置为同一个单选按钮组，如图 2-34 所示；允许选择多个选项，则使用复选按钮，可以设置默认选中项。

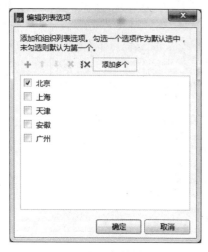 

(a) 下拉列表编辑窗口　　　　　　　　(b) 下拉列表允许设置多个默认选项

图 2-33　"编辑列表选项"对话框

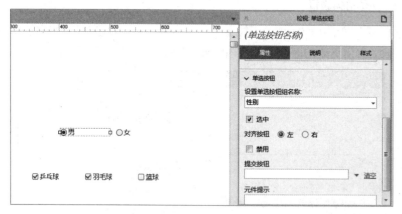

图 2-34　设置单选按钮组"性别"

三、菜单和表格

这部分元件主要包括树、表格、菜单。

1. 树

树主要用来表达层次结构，与页面管理器相似，可以通过右击，在弹出的快捷菜单中对节点进行添加、删除、移动编辑等，如图 2-35 所示。

2. 表格

表格主要是通过行和列来展示数据，可以通过右击在弹出的快捷菜单中对行和列进行添加、删除等操作，如图 2-36 所示。

3. 菜单

菜单分为水平菜单和垂直菜单，根据需要来制作导航菜单，可以通过右击，在弹出的快捷菜单中对菜单进行添加、删除以及子菜单的操作等，如图 2-37 所示。

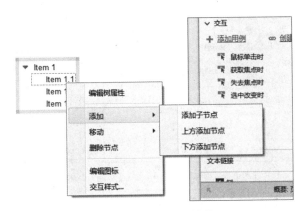

图 2-35　编辑树形结构

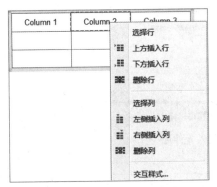

图 2-36　编辑表格结构

图 2-37　编辑菜单结构

四、下载并载入元件库和自定义元件库

前面介绍的是 Axure 默认提供的元件库，但是在制作原型的过程中，这些元件往往还不够用，有些通用的元素需要自己绘制，工作效率不高。例如，设计 iOS APP 原型时，一些通用的元件可以在网络上下载开源的元件库，然后载入进来，如果没有，可以自定义部件库。

1. 下载并载入元件库

可以到官网 https://www.axure.com/support/download-widget-libraries 下载，或者其他网站下载开源的元件库，元件库的扩展名为 .rplib。在元件库窗口，单击"选项"按钮，选择"载入元件库"，如图 2-38（a）所示。在弹出的对话框中找到下载好的元件库，单击"打开"按钮，即完成载入。再次单击下拉列表，就会看到刚刚载入的元件库，如图 2-38（b）所示。再次单击"选项"按钮，可以对刚刚载入的元件库进行编辑、刷新和卸载，如图 2-38（c）所示。

2. 自定义元件库

设计原型时，如果找不到想要的元件，可以自定义元件。单击元件库窗口的"选项"按钮，在菜单中选择"创建元件库"，在弹出的对话框中输入自定义元件库名称"my_ios"，并指定保存位置，如图 2-39（a）所示。进而出现元件的编辑窗口，在新窗口的工作区中绘制元件，这里我们设计一个"登陆"按钮，如图 2-39（b）所示。关闭元件编辑窗口，刷新元件库，就可以看到刚刚自定义的"登录"按钮元件，如图 2-39（c）所示。

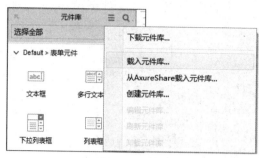

(a) 载入下载好的元件库

(b) 成功载入下载好的元件库

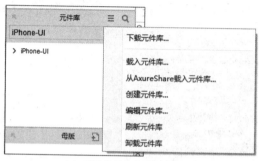

(c) 对已有元件库进行编辑操作

图 2-38　下载并载入元件库

小技巧

如果要针对不同的设备进行设计，可以先在官网下载对应的元件库，这样可以提高效率，也可以让整个界面风格一致，更加美观。

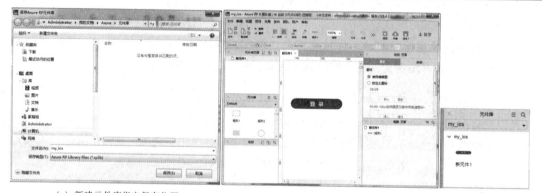

(a) 新建元件库指定保存位置　　　　　(b) 新建my_ios元件　　　　(c) 元件库中找到新建元件

图 2-39　自定义元件库

利用动态面板制作轮播动态效果

Axure 元件库的动态面板就像一个容器，可以包含多个状态，状态之间还可以切换，从而用来实现原型丰富的动态效果。例如很多APP首页上方的广告轮播图,还有一些"快速登陆"和"密码登陆"这样的页面切换效果都可以通过动态面板来实现。

任务2.3 动态面板实现轮播效果

任务描述

APP启动时一般有3~5个引导页,自动向左滑动,或者手动向左滑动,结束后自动跳转到APP首页。另外,APP的首页工作区域一般会有广告轮播,循环播放几组广告图片,这都可以通过动态面板设定对应的几个状态,进行动态切换完成的轮播效果。

下面利用Axure元件库来搭建旅游APP的交互过程:单击桌面启动图标,出现引导页,进入首页。

扫一扫

任务2.3
动态面板实现
轮播效果

设计思路

点击手机桌面的启动图标,出现引导页。利用动态面板设定3个状态,分别对应3张引导页,支持自动向左滑动,3张结束后自动显示APP首页。

任务实施

(1)打开Axure软件选择"新建文件",重命名index为"徜徉红途",利用基本元件的图片元件,插入一张手机模型照片,将手机屏幕显示区域调整宽高为375×667像素的矩形,再插入一张桌面壁纸图片,占据屏幕大小。放置一个大小为60×60像素的占位符作为启动图标,下方放文字"徜徉红途",白色(#FFFFFF),大小为12.5,如图2-40所示。

(2)拖动动态面板元件到工作区,放置在桌面背景的位置,命名为"引导页",大小为375×667像素。双击动态面板,动态面板默认有一个状态"State1"。如图2-41(a)所示,在弹出的"图片状态管理"对话框中双击"State1",直接进入状态1的编辑状态,如图2-41(b)所示。

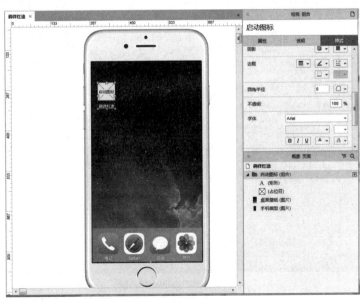

图2-40 桌面启动图标布局

(a)　"图片状态管理"对话框

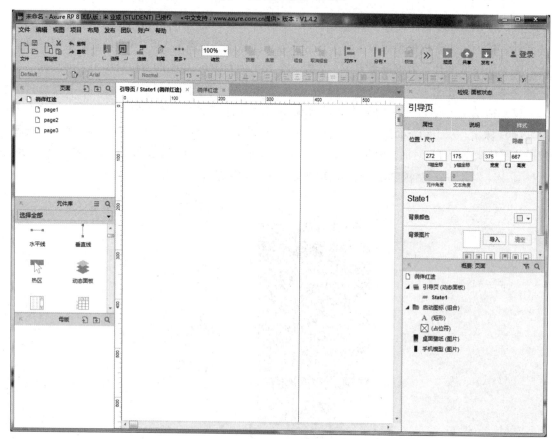

(b)　动态面板State1编辑界面

图 2-41　动态面板管理

（3）在状态1的编辑区域中，拖入一个占位符，设置大小为375×667像素，坐标位置(0,0)。在占位符中双击输入文字"引导页1"，如图2-42所示。

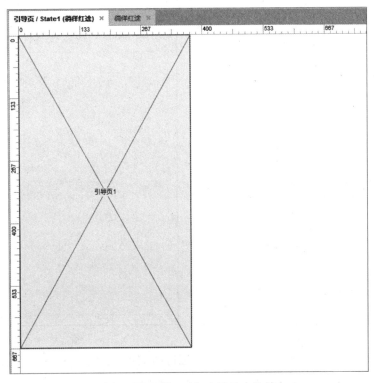

图2-42 "State1"中设计占位符

（4）关闭"State1"的编辑窗口，回到主界面，再次双击动态面板。在弹出的面板状态管理对话框中，选中"State1"，在面板状态下方的按钮中，单击"复制"按钮两次，可以将State1复制为"State2"，和"State3"，如图2-43所示。这样三个状态显示的内容是一模一样的。

图2-43 动态面板状态复制

（5）双击"State2"，进入状态 2 的编辑窗口，更名为"引导页 2"，如图 2-44（a）所示；双击"State3"，进入状态 3 的编辑窗口，更名为"引导页 3"，如图 2-44（b）所示。编辑好动态面板的三个状态后关闭编辑窗口，回到主界面。

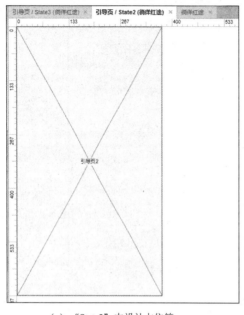 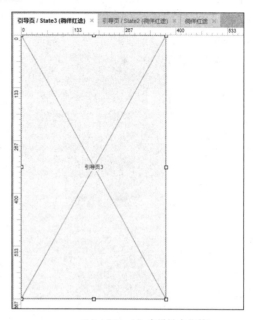

（a）"State2"中设计占位符　　　　　　　　　　（b）"State3"中设计占位符

图 2-44　设计占位符

（6）选中"引导页"动态面板，在右侧页面属性区域"样式"选项卡中，勾选"隐藏"复选框，如图 2-45 所示。

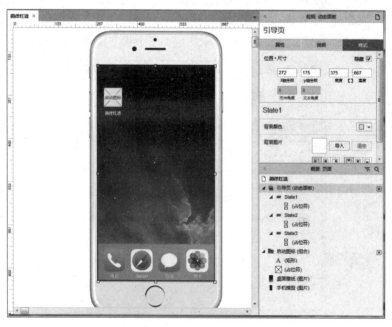

图 2-45　隐藏"引导页"动态面板

（7）复制"引导页"动态面板，更名为"主界面"，并将"State2"和"State3"两个状态删除，如图2-46所示。

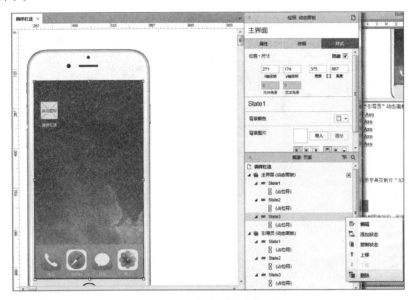

图2-46 "主界面"动态面板

（8）双击"主界面"动态面板的"State1"，进入编辑窗口，修改文字为"主界面"，背景色设置为红色（#FF0000），如图2-47所示。

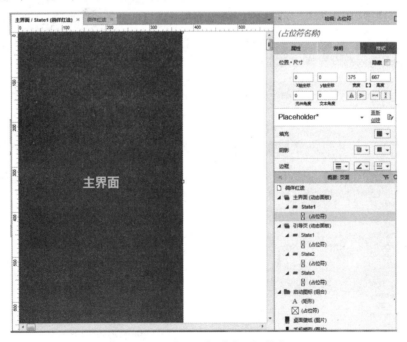

图2-47 "主界面"动态面板状态一

（9）在页面元件管理器中选中"启动图标"组合，然后在对应的"属性"选项卡中添加用例，双击选择"鼠标单击时"，在弹出的"用例编辑〈鼠标单击时〉"窗口中添加动作，选择"显示"。

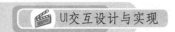

在对应的配置动作中勾选要显示的元件是"引导页"动态面板，动画为"逐渐"，时间为"500毫秒"，如图2-48所示。

图2-48　启动图标交互用例设计

（10）在页面元件管理器中选中"引导页"动态面板，在对应的"属性"选项卡中添加用例"载入时"，弹出的用例编辑窗口。添加动作"设置面板状态"，配置动作选择"Set引导页"动态面板。选择状态为"next"，循环间隔时间为"2 000毫秒"，勾选"首个状态延时2 000毫秒后切换"，进入动画和退出动画都设置为"向左滑动"，时间为1 000毫秒，如图2-49所示。

图2-49　"引导页"动态面板交互用例设计

（11）再添加动作"等待"，设置时间为"8 000毫秒"；接着显示"主界面"动态面板，动画为"逐渐"，时间默认为"500毫秒"，隐藏"引导页"动态面板，如图2-50所示。

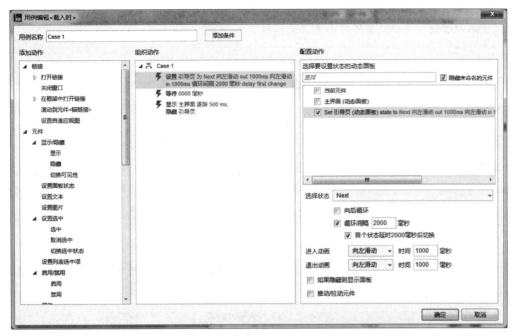

图 2-50　动态面板载入交互用例设计

（12）完成后单击工具栏上方的"预览"按钮，会在浏览器上预览，此时利用鼠标单击可以预览交互效果。

小技巧

　　在设计的时候，如果没有考虑好是否采用动态面板模块，可以等界面搭建好之后选中右击转换成动态面板。动态面板相当于一个容器，可以包含多个状态，每次只能显示顶层状态。

拓展任务

　　购物APP首页的广告轮播：利用本任务所学知识和技能，完成某购物APP主界面的广告轮播效果，如图2-51所示。

图 2-51　广告轮播

> **提示**
>
> （1）广告轮播部分是一个动态面板，有几个广告图片，该动态面板对应几个状态;
>
> （2）交互用例设计，当该动态面板载入时，面板状态设置为next，循环，动画是向左滑动，保证广告图片向左循环播放。

知 识 库

动态面板

动态面板是制作原型过程中一个非常重要的元件，该元件像一个容器一样，可以包含多个状态，但至少有一个状态。每个状态都对应一个页面，动态面板每次只能显示其中一个状态，可以通过交互用例设计来实现状态间的切换显示，模拟丰富的交互效果。

1. 创建动态面板

有两种创建动态面板的方式，一种是直接拖动动态面板元件到工作区，双击可以对该动态面板进行命名。对应动态面板的管理窗口至少有一个状态，如图 2-52 所示。

图 2-52　动态面板状态管理

"面板状态管理"对话框上方有一排工具栏按钮，"添加" ✚、"复制" 🖿、"上移" ⬆、"下移" ⬇、"编辑状态" 🗐、"编辑全部状态" 🖐和"删除状态" ✖。

· 添加：会新增加一个空白状态，默认的为"StateN"；

· 复制：要先选中动态面板的一个状态，然后对该状态进行复制，会复制一个一模一样的状态。该工具主要应用在两个状态的页面显示的内容相差不大的情况下，可以大大提高设计效率。

• 上移和下移：调整动态面板内各个状态的顺序。

• 编辑状态：选中要编辑的状态，单击该按钮会进入该状态的编辑页面，进行页面元件的重新编辑。

• 编辑全部状态：会打开该动态面板的所有状态进入编辑页面。

• 删除：会删除已有的状态。

另一种创建动态面板的方式是将页面中要作为动态面板状态中来显示的元件全部选中，然后右击，在弹出的快捷菜单中选择"转换为动态面板"，那么该动态面板会有一个状态，状态中的内容即为刚刚选中的元件部分。

2. 自动调整为内容尺寸

如果状态中页面内容布局过大，超过动态面板的尺寸，内容会显示不完全。此时，右击，在弹出的快捷菜单中选择"自动调整为内容尺寸"，可以让动态面板调整大小以适合内容，不会浪费空间，随着状态页面中的内容调整动态面板的大小，不用担心部分内容因为尺寸的问题被隐藏起来，如图 2-53 所示。

3. 动态面板滚动条设置

当状态页面中内容过长过宽的时候，可以让动态面板显示横向或纵向滚动条，让内容完全展示出来。通过右击，在弹出的快捷菜单中选择"滚动条"对应的选项，如图 2-54 所示。

图 2-53　动态面板大小调整

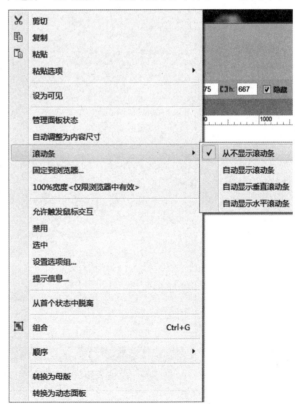

图 2-54　动态面板滚动条设置

利用母版设计 APP 主界面

在原型设计过程中，有很多页面内容非常相似，如标签模块、标题栏等，Axure 提供母版功能，一次设计多次使用，大大提高了设计效率，不需要重复制作。如果在母版中修改，那么所有引用母版的页面也会同时更新，不需要再到每个页面去逐一修改，减少了维护成本。当然引用母版的页面也可以从母版中脱离出来，这样母版修改对该页面不会产生影响。

任务2.4 母版设计导航模块

扫一扫

任务2.4
母板设计导航模块

任务描述

APP 启动进入首页后，一般有 5 个大模块，底部有对应的标签。单击每个模块会自动显示该模块对应的页面内容。这些页面有很多重复的内容，所以我们利用 Axure 来设计一次母版，让其他类似的页面进行重复使用就可以了，大大减少了重复劳动，提高了设计效率。

下面利用 Axure 的母版来设计旅游 APP 的底部导航栏，这样在"首页""行程""定制""游记"和"我的"五个页面都可以使用它。完成效果如图 2-55 所示。

图 2-55 底部TAB设计

设计思路

页面底部的标签部分对应的5个模块分别是"首页""行程""定制""游记"和"我的"，点击每个模块可以跳转到各个页面内容。

任务实施

（1）在空白页面中，拖动矩形元件到工作区，放置在（0,618）位置，宽高为375×49像素；再拖动一个占位符放置在底部，宽高为25×25像素。下方添加文本标签，字号为12，文字为"首页"，并组合为"首页"。按住【Ctrl】键拖动"首页"组复制四个并且将五个组合进行上下对齐和水平分布，然后再将文字修改为"行程""定制""游记"和"我的"。

（2）将页面中所有元件全选，右击，在弹出的快捷菜单中选择"转换为母版"。在弹出的对话框中，将该母版命名为"底部标签"，并选择"固定位置"。确定后会在母版窗口中出现一个"底部标签"母版，或者在母版窗口上方的工具栏中选择"添加母版"也可以新建母版，需要用到该母版时，直接拖动到工作区即可。如图2-56所示。

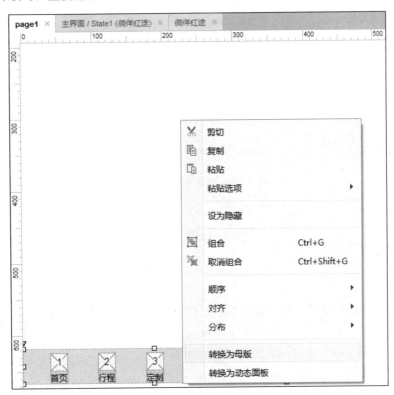

(a) 底部标签转换为母版

图2-56 设计母版

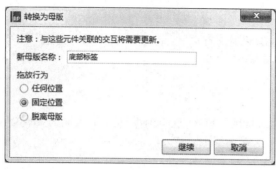

（b）给母版命名

（c）母版窗口

图 2-56　设计母版（续）

 小技巧

（1）母版设计好后，如果要重新修改，那么被引用的地方也会被修改。

（2）如果想要引用的地方不受母版影响，可以在使用母版后，右击选择"脱离母版"，那么后面对母版的重新编辑不会受到影响。

拓展任务

微信 APP 头部栏母版制作：利用本任务所学的知识和技能，完成微信 APP 的头部栏母版设计，如图 2-57 所示。

图 2-57　微信头部栏母版

知 识 库

一、母版

Axure 提供的母版主要帮助我们解决重复设计工作，一次制作，可以被多个页面引用。软件的左下角是母版区域，上方提供"添加母版""添加文件夹"和"搜索"三个按钮来管理母版，也可以选中母版通过右击弹出的快捷菜单来编辑母版，如图 2-58 所示。

二、母版创建方式

Axure 提供了两种方式创建母版，一种是制作底部标签所使用的方式，先通过元件制作，然后转换成为母版；另一种方式是通过母版区域上方的"添加母版"工具按钮来创建。

图2-58　母版右击快捷菜单

三、母版的拖放行为

母版有三种拖放行为：任意位置、固定位置和脱离母版。

1. 任意位置

母版在其他引用页面中可以被任意移动，放置在页面中的任意位置，当对母版做出修改的时候，所有引用该母版的页面都会同时被更新。

2. 固定位置

固定位置顾名思义，母版在引用的页面会处于被锁定状态，不允许被移动。当对母版做出修改的时候，所有引用该母版的页同时都会被更新。这种拖放行为一般应用在底部标签和布局中，如制作徜徉红途 APP 的底部标签选用的就是固定位置的拖放行为。

3. 脱离母版

脱离母版，是从模板分离出去，让页面中引用的母版的部分与原母版彻底失去关系，对页面中引用的母版的部分可以进行任意编辑，不受母版影响，如图 2-59 所示。

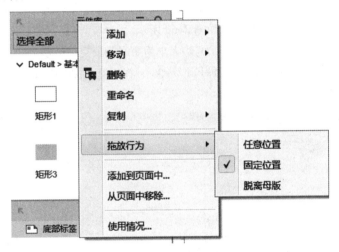

图 2-59　母版拖放行为

利用变量制作交互效果

原型设计过程中，可以利用 Axure 提供的全局变量和局部变量实现丰富的交互效果，还可以添加一些条件判断和页面参数传递等。

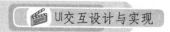

扫一扫

任务2.5
首页拖动及
回弹

任务 2.5　首页拖动及回弹

任务描述

APP的首页一屏是显示不完的，可以允许用户上下拖动浏览更多的内容，当用户拖动到顶部或者底部时则不允许继续拖动，会产生一个回弹效果。这种真实的交互效果，可以利用 Axure 提供的变量来实现。

设计思路

首页用于显示内容的部分需要转换成动态面板，其状态一的页面内容要超过667像素高度，这样上下滑动才会看到效果。

任务实施

（1）打开"主界面"动态面板的"State1"，将里面的占位符删除，拖动母版的"底部标签"进入工作区。再拖动矩形框调整宽高为375×64像素，添加字号为18的标题文字"徜徉红途"，居中，背景色为灰色（#F2F2F2）。将矩形框和文字选中组合，命名为"首页头部"，右击，在弹出的快捷菜单选择"转换为母版"，如图2-60所示。

（2）拖动动态面板元件进入工作区，调整大小为中间剩余空白区域大小。位置为（0,64），宽高为375×554像素，背景色为灰色（#F2F2F2），命名为"首页内容"，双击进入状态一进行编辑，内容布局如图2-61所示。

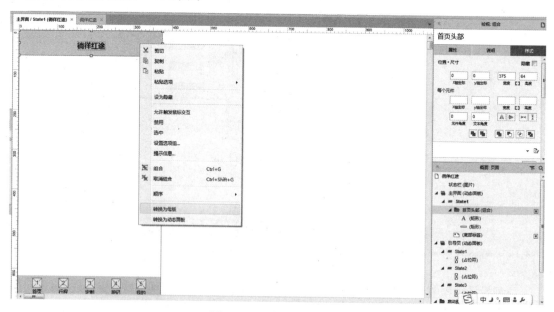

图 2-60　头部转换为母版

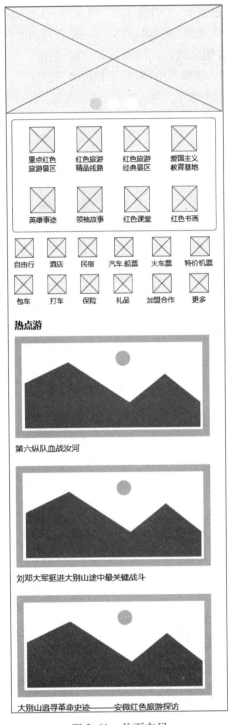

图 2-61 首页布局

（3）当页面高度达到 1 200 像素，关闭"State1"的编辑窗口，回到主界面，选中"首页内容"。右击动态面板，在弹出的快捷菜单中选择"自动调整为内容尺寸"，此时，动态面板的长度发

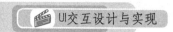

生变化。调整"首页内容"动态面板、"首页头部"组合和"底部标签"的顺序，保证"底部标签"位于上层，如图2-62（a）所示。选中"底部标签"，右击，在弹出的快捷菜单中选择"顺序"→"上移一层"命令（或【Ctrl+]】组合键），如图2-62（b）所示。

（4）在右侧属性区域"属性"选项卡中，双击添加用例"拖动时"，在弹出的对话框中添加动作，选择"移动"，然后在配置动作中选中"首页内容"动态面板，下方的"移动"下拉选项中选择"垂直拖动"，单击"确定"按钮即可，如图2-63所示。此时预览可以实现首页的上下拖动，但碰到顶和底的时候不会发生回弹。

（5）选中"首页内容"动态面板，记录坐标（0,64），选择"属性"选项卡中的"交互"，双击添加"向下拖动结束时"，在弹出的对话框中，默认的用例是"case1"，单击"添加条件"按钮，在第一个下拉列表框选择"值"，然后在对应的值后面单击fx。在弹出的对话框中，单击"添加局部变量"，添加一个局部变量，默认名字为"LVAR1"，"="下拉列表框中选择"元件"，最后一个下拉列表中选择"首页内容"动态面板，如图2-64所示。

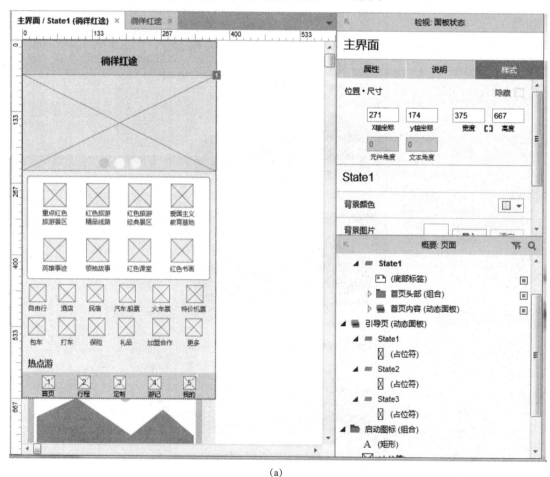

（a）

图 2-62　调整图层顺序

(b)

图 2-62 调整图层顺序（续）

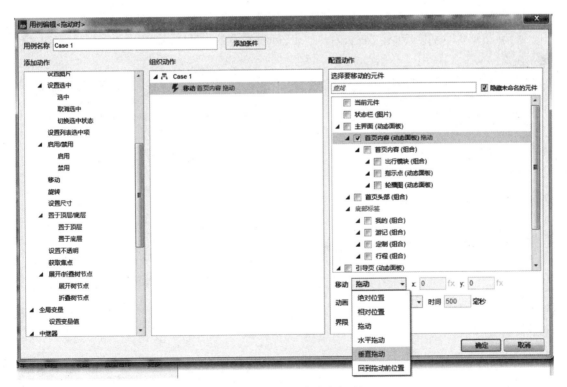

图 2-63 垂直方向移动动态面板

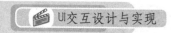

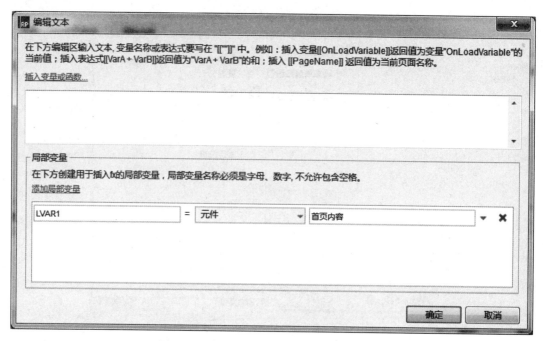

图 2-64　为首页内容动态面板创建局部变量

（6）然后单击上方的"插入变量或函数"，选择刚刚添加的变量 LVAR1，并将里面的值编辑一下为"[[LVAR1.y]]"，判断"首页内容"动态面板位置的 y 坐标，如图 2-65 所示，单击"确定"按钮。

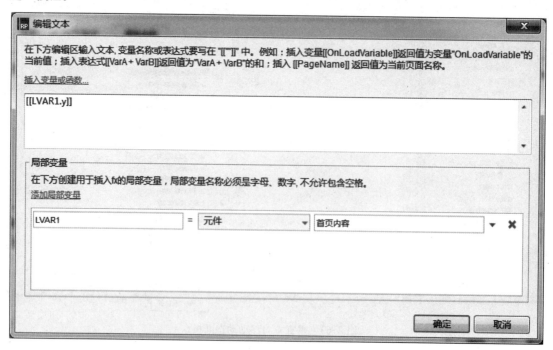

图 2-65　插入局部变量

（7）回到"条件设立"对话框，在 fx 后面的下拉列表中分别选择">""值""64"，如图 2-66 所示，单击"确定"按钮。

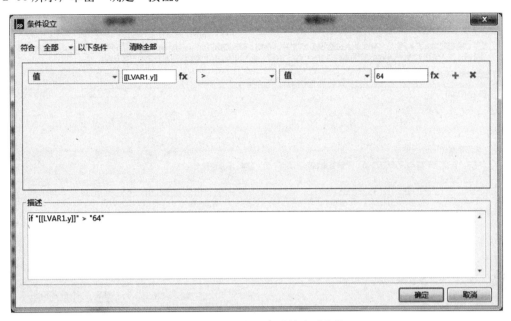

图 2-66　设立向下拖动结束时条件

（8）回到"用例编辑〈向下拖动结束时〉"对话框，添加动作"移动"，选择"首页内容"动态面板。下方"移动"选择"相对位置"，设置 x：0，y：64；动画设置为"线性"，时间500 ms，如图 2-67 所示，单击"确定"按钮。

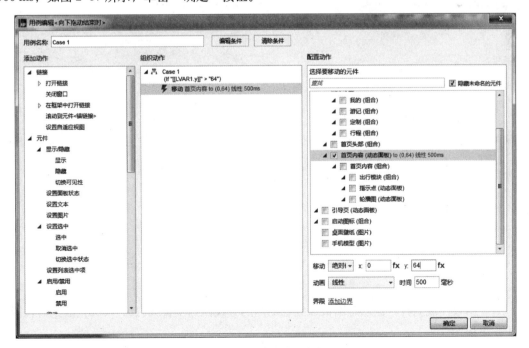

图 2-67　设置移动参数

（9）按照同样的原理，添加"向上拖动结束时"用例，添加一个局部变量 LVAR1，如图 2-68 所示，取该元件的 y 轴坐标。

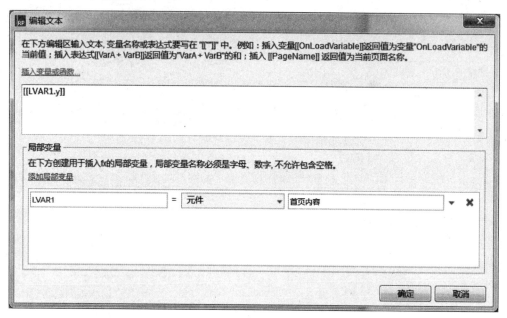

图 2-68　为向上拖动设置变量

（10）设立条件为：当动态面板的 y 轴坐标小于 -600 时，如图 2-69 所示。

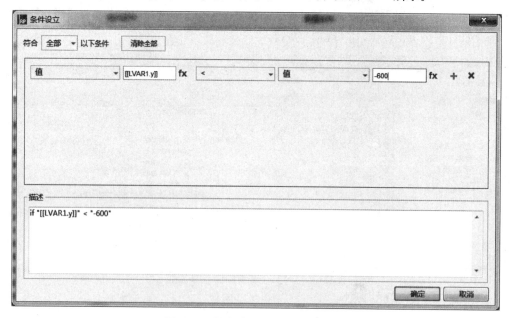

图 2-69　设立向上拖动结束时条件

（11）当条件成立时，让动态面板以线性动画的方式回到坐标为（0，-600）的绝对位置，如图 2-70 所示。

（12）单击"确定"按钮完成交互设计，单击工具栏上的"预览"进行测试。

图 2-70　设置移动参数

🎛️ **小技巧**

变量在使用过程中，要注意局部变量和全部变量的作用范围是不同的。局部变量 LVAR1名称可以重命名，也可以使用默认名称，因为局部变量间不会受到干扰。

🗣️ **拓展任务**

微信主界面上下滑动及回弹效果：利用任务 2.5 所学的知识和技能，完成我们熟悉的微信 APP 主界面的上下滑动和回弹效果，如图 2-71 所示。

图 2-71　设置移动参数

提示
（1）确定顶部和底部边界的Y轴坐标位置；
（2）将整个移动部分转换成动态面板，设置动态面板移动交互用例，方向为垂直方向；
（3）加上条件判断，当移动超过顶部或底部边线时，回到一个固定位置，即为回弹。

知 识 库

Axure 提供了全局变量和局部变量

变量通常可帮助用户存储数据、传递数据和进行条件判断。Axure 提供了全局变量和局部变量，利用给这些变量可以制作出丰富的交互效果。

1．全局变量

文件中的所有页面都可以使用全局变量，页面都有权限修改变量的值，所以使用全局变量时要注意。

2．局部变量

局部变量一般在某个时间触发某个动作行为时使用，其他动作不能使用，所以该变量是在局部范围内有效。

3．命名规则

变量名需要以字母开头，由数字或字母组成，不得包含空格等字符，长度要少于 25 个字符。

利用变量值在页面间传递

变量值可以在页面间进行传递，例如 APP 登录时，输入用户名和密码，验证成功后，会跳转到新的页面，例如个人中心，此时在页面中会显示头像以及用户名"XXX"；或者在搜索的时候，输入搜索的条件，显示搜索结果时，可以将搜索条件带过去。

任务 2.6 搜索旅游线路

 任务描述

APP 的首页中会提供用户搜索功能，允许用户对于要寻找的旅游线路进行搜索。当用户输入搜索条件进行搜索，会打开新的界面，显示搜索结果。

设计思路

将首页头部修改为带搜索输入框，单击"搜索"按钮会出现搜索界面，并且显示搜索结果。

扫一扫 ●

任务2.6
搜索旅游线路

在结果界面单击"返回"按钮，回到主界面。

任务实施

（1）打开主界面，修改头部，添加文本"芜湖"，将文本框命名为"search_text"，另外，将一个"搜索"按钮命名为"search"，如图2-72所示。

（2）在主界面右侧新建一个动态面板，命名为"搜索结果"，坐标位置为（375,0），并将该动态面板设置为"隐藏"，如图2-73所示。

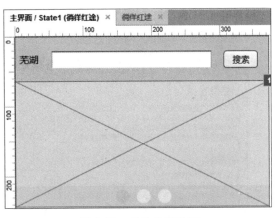

图 2-72　修改首页头部

（3）双击"搜索结果"动态面板，进入编辑状态，右侧新建一个动态面板，命名为"搜索结果"，添加文本框命，名为"search_result"，添加一个返回图标，两个标题文本分别命名为"result_1"，和"result_2"，并分别在标题下方添加文本段落，如图2-74所示。

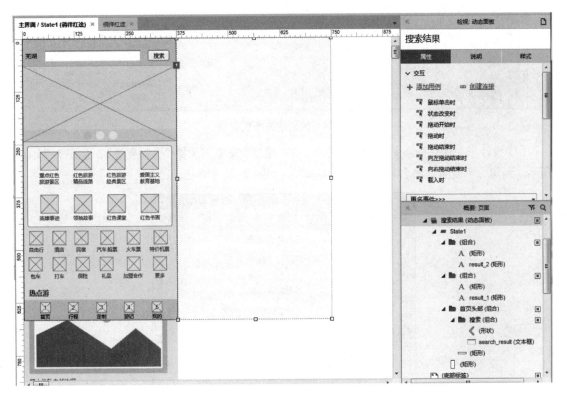

图 2-73　创建隐藏的搜索结果面板

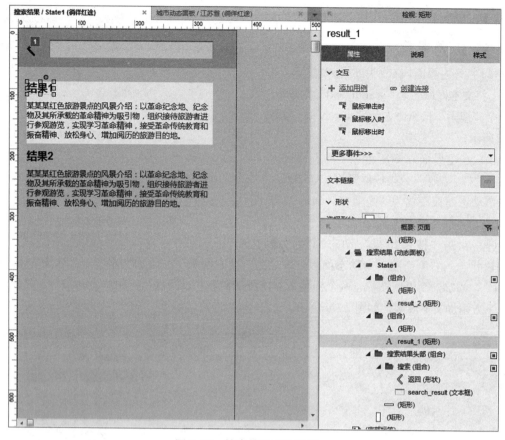

图 2-74　搜索结果面板状态一

（4）设计一个保存搜索条件的全局变量，在"项目"菜单下选择"全局变量"，如图 2-75（a）所示。新建一个变量，命名为"search_value"，如图 2-75（b）所示。

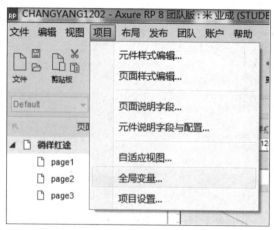

（a）新建全局变量

图 2-75　步骤（4）

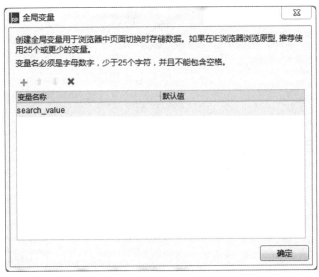

（b）全局变量设置

图2-75 步骤（4）（续）

（5）单击"搜索"按钮时，将主界面中名为"search_text"文本框中的值保存到全局变量"search_value"中。在"属性"选项卡，选择"鼠标单击时"，在弹出的"用例编辑〈鼠标单击时〉"对话框中，添加动作"设置变量值"，在配置动作中选中"search_value to"，如图2-76（a）所示。单击"设置全局变量值为："中的fx，在弹出的"编辑文本"对话框中，单击局部变量下方的"添加局部变量"，创建一个局部变量，默认名称为"LVAR1"，"元件文字"为"search_text"，然后单击上方的"插入变量或函数"，找到刚刚为"search_text"文本框创建的变量"LVAR1"，如图2-76（b）所示，单击"确定"按钮。

（a）单击设置全局变量值用例

图2-76 步骤（5）

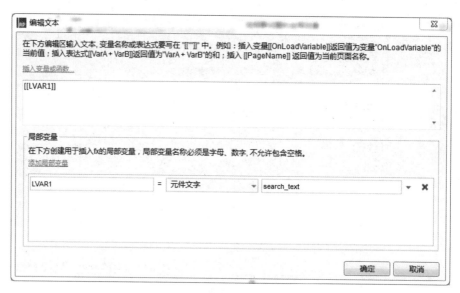

（b）设置全局变量的值为文本框中值

图 2-76　步骤（5）（续）

（6）继续添加动作：显示"搜索结果"动态面板，移动该动态面板到绝对位置"0,0"，以"线性"动画，用时"500"毫秒，如图 2-77 所示。

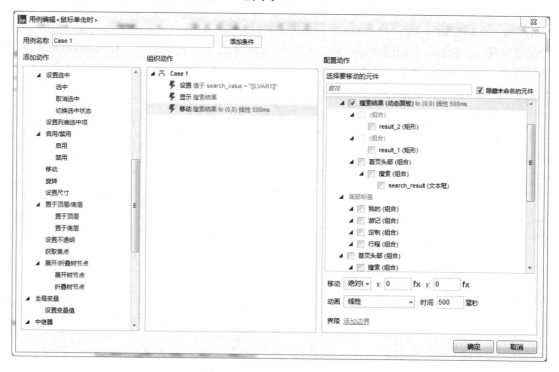

图 2-77　设置后面的组织运作

（7）接着在右侧继续添加动作"设置本文"，选中搜索结果头部的"search_result"文本框，将其值设置为全局变量的"search_value"，如图2-78（a）所示。然后将"result_1"和"result_2"两个矩形框也设置文本值为全局变量的"search_value"，如图2-78（b）所示。

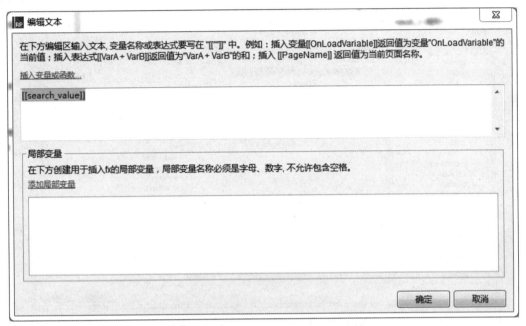

（a）设置search_result文本框中显示全局变量值

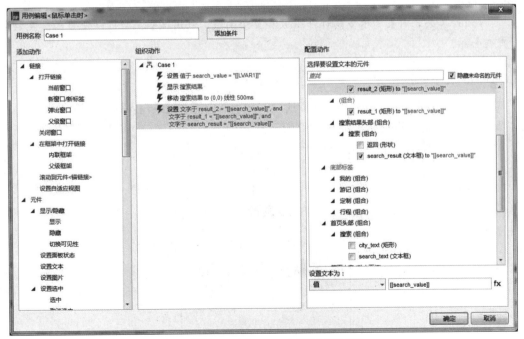

（b）设置result_1和result_2中显示全局变量值

图2-78　步骤（7）

（8）打开"搜索结果"动态面板的State1界面，单击"返回"按钮，在"属性"选项卡中，添加"鼠标单击时"用例，添加动作：移动"搜索结果"动态面板到绝对位置（375,0），以"线性"动画，用时"500"毫秒，如图2-79所示，浏览进行测试交互效果。

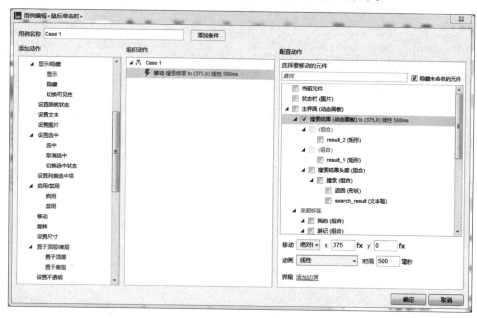

图2-79　设置"返回"按钮的交互用例

小技巧

Axure工具还内置了很多的部件函数和页面函数，利用这些函数可以使页面交互效果更加丰富。

拓展任务

微信登录后记录微信名：利用本任务所学的知识和技能，完成输入微信号和密码登录，进入"我的"界面，显示微信名，如图2-80所示。

图2-80　微信登录记录微信名

提示

（1）添加一个全局变量记录输入的用户名；

（2）在整个项目中想要显示微信名的地方，直接显示全局变量即可。

知　识　库

变量值在页面间传递

要实现变量值在页面中的传递，主要是借助全局变量和局部变量，先设定全局变量，然后插入局部变量，将要传递的数据存入到局部变量，再由局部变量传给全局变量，实现传递。

1．添加全局变量

设置对应的全局变量，用来保存需要在页面中传递的值。

2．通过局部变量传值给全局变量

接下来为每一个全局变量添加一个局部变量，将局部变量的元件文字设定为对应元件的输入值，即记住局部变量，将输入的数据传递到局部变量，再由局部变量传递给全局变量。由于全局变量在该项目文件中的所有页面都可以使用，这样就能实现变量值在页面中传递。

利用部件行为制作交互效果

Axure 每个部件都会有对应的行为，例如在绘制启动图标时使用的部件的显示 / 隐藏，还有设置文本和设置图像、设置选择 / 选中、启用 / 禁用、移动、置于顶层 / 底层、获得焦点等，利用这些在原型设计过程中，可以设计出丰富的交互效果。

任务 2.7　省市级联菜单

任务描述

旅游 APP 的首页中一般会有定位城市功能，允许用户对于所在城市进行更改来查看当地热门旅游景点。单击省份下拉列表框，会出现该省份对应城市的下拉列表框，这两个下拉列表框是一一对应的。

设计思路

点击首页头部的"芜湖市"城市文本，添加两个下拉列表，用来实现切换所在城市。下拉列表"省份"和"城市"，这两个下拉列表有一一对应的联动关系。初始选项为"请选择"，改变省份列表选项时，城市列表的内容也随之改变。

● 扫一扫

任务2.7
省市级联菜单

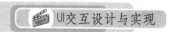

S✖ **任 务 实 施**

（1）打开主界面动态面板，拖动一个动态面板命名为"省市级联动态面板"，大小为375×603像素，设置初始状态为"隐藏"。选中"芜湖市"文本，设置该矩形名为"city_text"，添加交互用例"鼠标单击时"：显示"省市级联动态面板"，如图2-81所示。

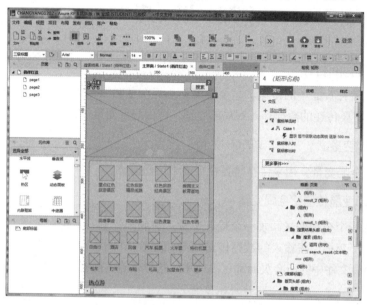

图 2-81　建立隐藏的"省市级联动态面板"

（2）双击"省市级联动态面板"，进入状态一"State1"编辑界面。在右侧的"样式"选项卡中设置背景色为灰色（#F2F2F2），如图2-82所示。

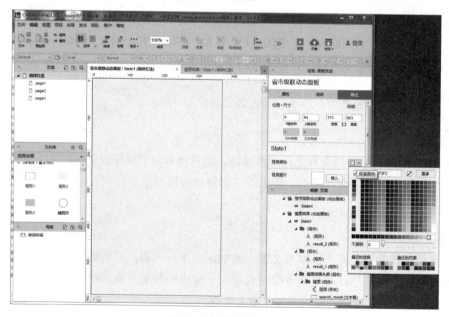

图 2-82　设置背景色

（3）利用文本标签，下拉列表和主要按钮设计如图 2-83 所示。省份对应的下拉列表命名为"province"， 城市对应的下拉列表命名为"city"。

图 2-83 "省市级联动态面板"状态一布局

（4）选中"province"下拉列表，在属性检视窗口中，单击下拉列表框的"列表项"进行编辑，添加图 2-84 所示的几个省份，并将"请选择"设置为默认选项。

（5）选中"city"下拉列表，右击，在快捷菜单中选择"转换为动态面板"命令，并重命名为"城市动态面板"，双击打开"面板状态管理"窗口，添加图 2-85（b）所示的四个状态，每个状态里面都是一样的下拉列表，只是对应的列表项的值不一样，如图 2-85 所示。

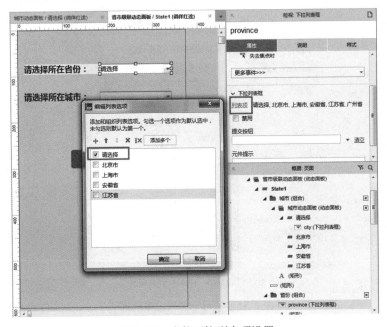

图 2-84 省份下拉列表项设置

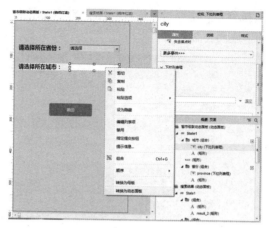

(a) 将城市下拉列表转换成动态面板

(b) 城市动态面板对应的四个状态

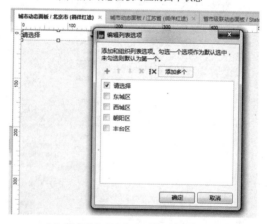

(c) 状态"北京市"中下拉列表项的值

图 2-85　城市下拉列表项设置

(d) 状态"上海市"中下拉列表项的值

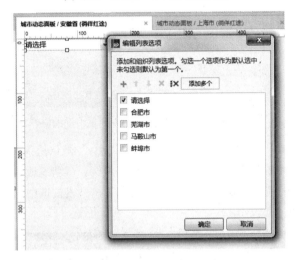

(e) 状态"安徽省"中下拉列表项的值

(f) 状态"江苏省"中下拉列表项的值

图 2-85 城市下拉列表项设置（续）

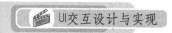

（6）选中"province"下拉列表，添加交互用例："选项改变时"。设置面板状态：选中"城市动态面板"，选择状态为"value"，状态名称或序号单击"fx"进行设置。添加一个局部变量"p"，值为当前元件的被选项，然后单击"确定"按钮，插入该变量，如图 2-86 所示。

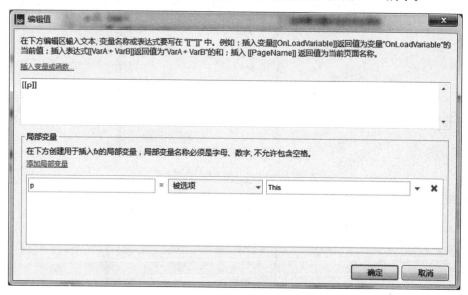

图 2-86　创建局部变量p对应列表中选的值

（7）在"项目"菜单中添加一个全局变量，设置"city"默认值为"芜湖市"。依次为"城市动态面板"每个状态中的下拉列表都添加一个交互用例："状态改变时"，设置全局变量值为每个下拉列表被选中的值。如图 2-87 所示，北京市下拉列表被选中的值设置局部变量为"bj_city"，复制给全局变量。

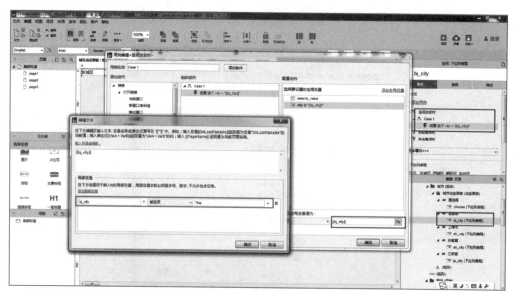

图 2-87　设置全局变量city值为列表选中的列表项值

（8）继续上一步，为上海市下拉列表被选中的值设置局部变量为"sh_city"，复制给全局变量，如图 2-88（a）所示；为安徽省下拉列表被选中的值设置局部变量为"ah_city"，复制给全局变量，如图 2-88（b）所示；为江苏省下拉列表被选中的值设置局部变量为"js_city"，复制给全局变量，如图 2-88（c）所示。

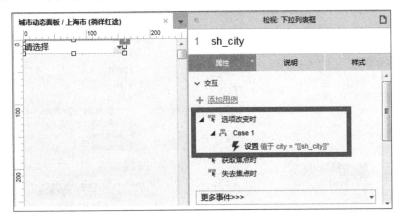

（a）设置全局变量city值为上海市列表选中的列表项值

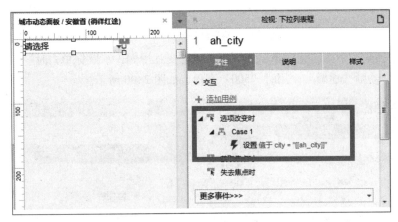

（b）设置全局变量city值为安徽省列表选中的列表项值

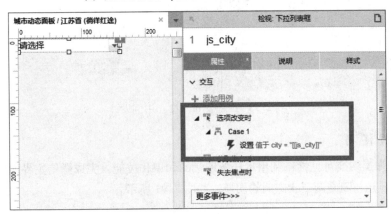

（c）设置全局变量city值为江苏省列表选中的列表项值

图 2-88　步骤（8）

（9）单击"省市级联动态面板"状态一界面中的"确定"按钮，添加交互用例："鼠标单击

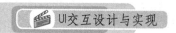

时”，隐藏"省市级联动态面板"，动画"逐渐"，用时"500"毫秒；"设置文本"：选中"city_text"矩形框，其值为全局变量 [[city]]，如图 2-89 所示。

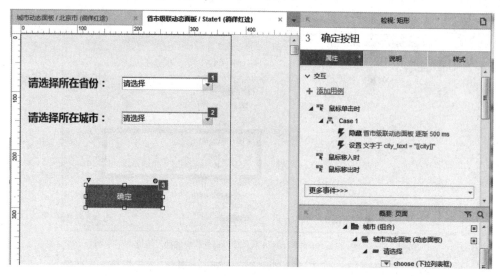

图 2-89　确定按钮交互用例设计

（10）选中搜索栏中的"芜湖市"矩形框，添加交互用例："鼠标单击时"，显示"省市级联动态面板"，动画"逐渐"，用时"500"毫秒，如图 2-90 所示。

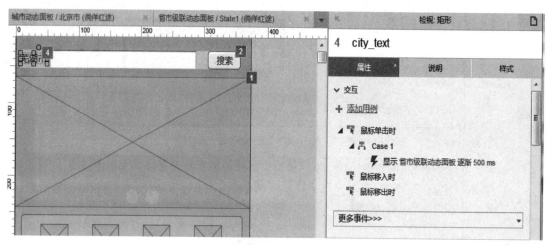

图 2-90　"芜湖市"交互用例设计

拓展任务

微信 + 号弹层切换可见性：利用本任务所学的知识和技能，完成微信主界面中 + 号弹层通过单击实现在显示与隐藏两个状态间的切换，如图 2-91 所示。

图 2-91 微信+号弹层切换可见性

知 识 库

部件行为

Axure 部件行为包括部件的显示/隐藏、设置文本和图像、设置选中、设置指定列表项、启用/禁用、移动、置于顶层/底层、获得焦点、展开/折叠树节点等，结合这些行为可以设计出高级、交互效果。

1. 显示/隐藏

显示/隐藏行为用于部件显示与隐藏交互效果，如前面制作的单击桌面启动图标，显示启动画面，接着显示主界面。同时 Axure 还可以在显示和隐藏之间来回切换，即切换可见性。例如，单击微信主界面右上角的+号，可以显示+号弹层，再单击一次，就可以隐藏+号弹层，即单击可以实现+号弹层在显示与隐藏之间来回切换，如图 2-92 所示。

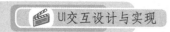

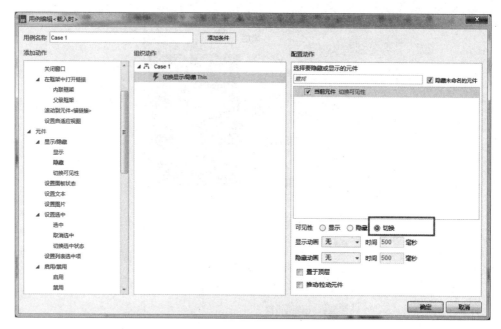

图 2-92　显示/隐藏部件

2. 设置文本和图像

设置文本一般用于标签、标题或者矩形框等部件，即有文本内容显示的都可以设置文本行为。

设置图像行为是针对图片部件，例如，用来设置默认的图片，鼠标悬停时显示的图片，单击鼠标时显示的图片等多种交互效果，如图 2-93 所示。

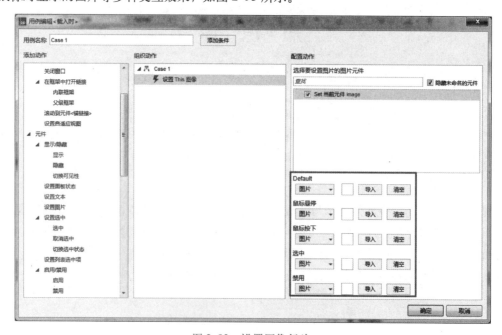

图 2-93　设置图像行为

3．设置选中

设置选中行为常用于单选按钮和复选按钮的选中和未选中状态，对于同一组单选或者复选框将它们设置为一组，如图 2-94 所示。

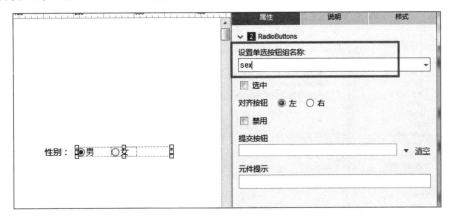

图 2-94　设置单选按钮组

4．设置指定列表项

设置指定列表项常用于下拉列表框和列表选择框，选定其中的某个选项。例如任务 2.7 中一对多的省市级联菜单。

5．设置启用／禁用

在默认情况下，拖到工作区中的部件都是启用的，有些情况下需要设置禁用部件，如按钮呈灰色不能单击状态，或者文本框不能单击输入内容，复选框和单选框不能点击等效果，如图 2-95 所示。

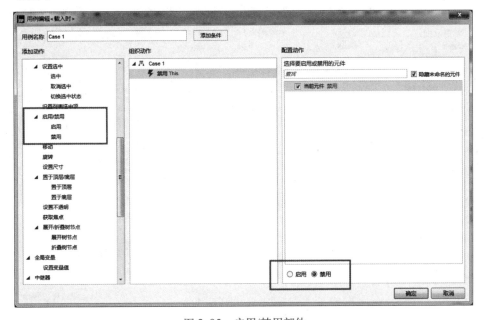

图 2-95　启用/禁用部件

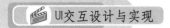

6. 移动

移动可以设置部件移动的相对位置和绝对位置。以及移动时的动画效果和花费时间，例如任务 2.6，输入搜索条件后，单击"搜索"按钮，移动"搜索结果"动态面板，如图 2-96 所示。

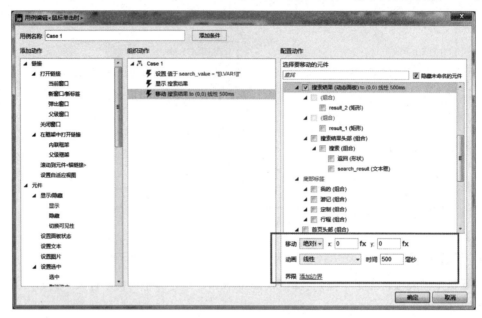

图 2-96　移动部件

7. 置于顶层 / 底层

设置顶层 / 底层可以调整部件的上下图层关系，来调整整体交互效果。例如状态栏在顶层，但启动画面显示的时候要置于顶层，将状态栏压在下面，如图 2-97 所示。

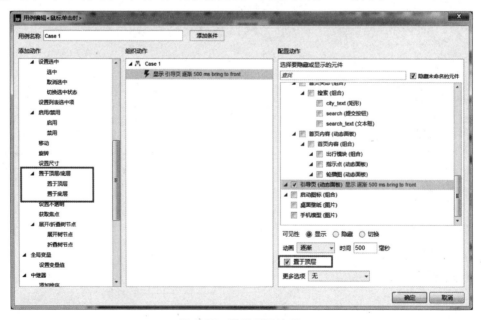

图 2-97　置于顶层/底层

8．获得焦点

在文本框（单行/多行）中进行文本输入时，光标在框中闪烁即为获得焦点，此时可以进行录入操作。

9．展开/折叠树节点

对树形结构进行展开和折叠设置，如图 2-98 所示。

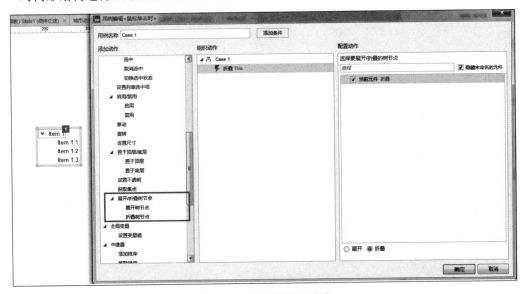

图 2-98　展开/折叠树节点

单元总结

本单元主要介绍了 Axure RP 这款软件，以及如何使用 Axure RP 的元件及利用变量和元件的各种行为来完成逼真的交互式 APP 原型绘制。相信通过本单元一个个针对性的任务学习，用户们应该能够掌握使用 Axure RP 快速开发原型的技巧了，并为以后的 UI 设计提供了参考依据，从下一单元开始，向大家介绍图标和 icon 的详细设计。

单元3
Photoshop 图标设计

 **设计扁平化图标**

　　扁平化图标界面美观、简洁，它在设计中去除了多余的透视、纹理、渐变等具有 3D 效果的元素，在设计中强调抽象、极简和符号化。由于扁平化的上述特点可以减少系统资源的调用，降低了系统功耗，因此更加适用于移动端设备。

任务 3.1　制作信封图标

任务描述

　　设计制作一个纯平面的信封图标，作为"徜徉红途 APP"系统"我的"界面中的"发布游记"图标，要求线条简单，图形指示意义明确。效果图如图 3-1 所示。

扫一扫

任务3.1
制作信封图标

图 3-1　信封图标

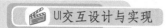

设计思路

信封图标线条使用形状工具，通过布尔运算或相互叠加难以实现，因此可以使用钢笔工具绘制出信封图标的标志性形状，再将形状按照一定次序堆叠形成信封图标，使用白色作为线条的填充颜色，使得图标更加醒目。

任务实施

（1）执行 Photoshop 菜单栏"文件"→"新建"命令，打开"新建"对话框，设置文件"宽度"为 800 像素，"高度"为 600 像素，"分辨率"为 72 像素/英寸，"颜色模式"为 RGB 颜色，新建一个空白画布，如图 3-2（a）所示，再将前景色设置为蓝色（#00476d），并使用【Alt+Delete】组合键填充画布，如图 3-2（b）所示。

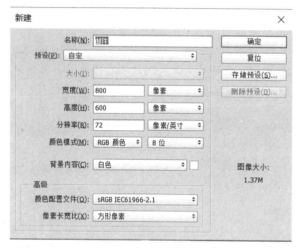

（a）"新建"对话框

（b）填充画布颜色

图 3-2　新建画布

（2）选择工具箱中的"矩形工具" ，并将其选项栏中的"填充"设置为蓝灰色（#6993a9），"描边"设置为无。在画布中绘制一个矩形，此时系统将生成一个"矩形 1"图层，如图 3-3 所示。

（3）使用钢笔工具绘制形状如图 3-4（a）所示，并将其选项栏中"填充"设置为白色，如图 3-4（b）所示。

（4）使用钢笔工具绘制形状如图 3-5 所示。

（5）复制步骤 4 的图层，使用"自由变换"（或【Ctrl+T】组合键），并在右键快捷菜单中选择"水平翻转"后，移动到合适位置完成图标的制作，如图 3-6 所示。

图 3-3　绘制矩形

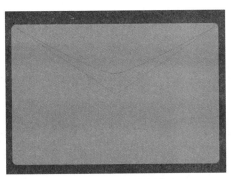

（a）钢笔工具绘制形状

（b）填充白色

图 3-4　绘制形状并填充颜色

图 3-5　绘制形状

图 3-6　水平翻转并移动形状

拓展任务

设计制作一个指南针图标，作为"徜徉红途 APP"系统引导页，要求线条简单，图形指示意义明确。效果如图 3-7 所示。

图 3-7　指南针图标

任务 3.2　制作日历图标

任务描述

制作一个纯平面扁平化日历图标，要求线条简单，界面干净整齐。效果图如图 3-8 所示。

设计思路

日历图标的各个形状比较规整，因此可以使用形状工具绘制日历的基本形状，再使用蒙版工具和布尔运算等方法修改形状，得到日历图标的各部分，并调整它们的位置完成图标的制作。

任务实施

（1）新建一个 800×800 像素的画布，选择工具箱中的"圆角矩形工具" ，并将其选项栏中的"填充"设置为灰色（#f1f1f1），"描边"设置为无，半径设置为 10 像素，在画布中绘制一个圆角矩形，如图 3-9 所示。

图 3-8　日历图标

图 3-9　绘制圆角矩形

（2）选择"矩形工具" ，并将其选项栏中的路径操作选项更改为"减去顶层形状"，如图 3-10（a）所示。绘制矩形，并使用"自由变换"（或【Ctrl+T】组合键，将矩形旋转 45°，如图 3-10（b）所示。

（a）减去顶层形状

（b）绘制并自由变换矩形

图 3-10　步骤（2）

（3）选择"矩形工具" ，并将其选项栏中的"填充"设置为蓝色（#3698e7），"描边"

设置为无，在步骤（1）中的圆角矩形图层上绘制一个矩形，如图 3-11（a）所示，并将图层设置剪切蒙版，如图 3-11（b）所示。

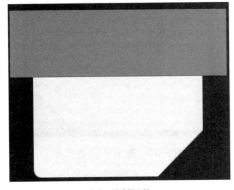

（a）绘制矩形　　　　　　　　　　　　　　（b）设置剪切蒙版

图 3-11　步骤（3）

（4）选择"矩形工具"▇，并将其选项栏中的"填充"设置为灰色（#dedede），"描边"设置为无，使用与步骤（3）同样的方法设置剪切蒙版，绘制折角效果，如图 3-12 所示。

（5）选择"椭圆工具"▇，并将其选项栏中的"填充"设置为蓝色（#192f6e），"描边"设置为无，按住【Shift】键绘制一个圆形，如图 3-13 所示。

图 3-12　设置折角效果　　　　　　　　　　图 3-13　绘制圆形

（6）选择"圆角矩形工具"▇，并将其选项栏中的"填充"设置为白色，"描边"设置为无，"半径"设置为 1 000，绘制一个圆角矩形，如图 3-14 所示。

> **小技巧**
>
> 　　将圆角矩形工具的"半径"设置为最大值 1 000，无论绘制的圆角矩形大小如何都将形成一个胶囊状的形状。

（7）将步骤（5）、（6）的圆形和圆角矩形复制并移动到合适位置，如图 3-15 所示。

（8）使用工具箱中的"横排文字工具"▇，并将其选项栏中"字体"设置为"Cambria Bold"，"字号"设置为 125 点，并输入数字 1，完成图标的制作，如图 3-16 所示。

图 3-14　绘制圆形

图 3-15　复制并移动形状

拓展任务

设计制作一个纯平面扁平化文件图标，作为"徜徉红途 APP"系统"我的"界面中的"我的游记"图标，要求线条简单，界面干净整齐。效果图如图 3-17 所示。

图 3-16　输入文字

图 3-17　文件图标

扫一扫

任务3.3
制作"徜徉红途APP"启动图标

任务 3.3　制作"徜徉红途 APP"启动图标

任务描述

设计制作一个"徜徉红途 APP"系统的启动图标，要求采用轻质感效果，使用户看到图标就能立刻领会图标要表现的意思，不需要深思熟虑即可领会该程序的主要功能和特征。效果图如图 3-18 所示。

设计思路

采用轻质感扁平化风格设计图标，层次相对简单，轻投影创造轻度立体感，色彩选用采用红色主基调，与红色旅游主题相呼应，图标内容可识别性强，且能和其他扁平化风格的图标相搭配。

图 3-18　扁平化APP启动图标

任务实施

(1) 新建一个 1 024×1 024 像素的空白画布，将前景色设为灰色（#282828），并使用【Alt+Delete】组合键将画布填充为灰色，如图 3-19 所示。

(2) 选择工具箱中的"圆角矩形工具" ，并在选项栏中将"填充"设置为红色（#ff0000），"描边"设置为无，绘制圆角矩形。此时将生成一个"圆角矩形"图层，如图 3-20 所示。

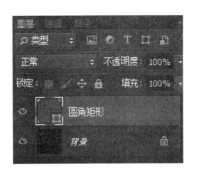

图 3-19　新建画布填充颜色　　　　　　　　　图 3-20　绘制圆角矩形

(3) 单击"图层"调板中的"添加图层样式按钮" ，在菜单列表中选择"内阴影"，弹出"图层样式"对话框后，按照图 3-21（a）所示参数设置图层的"内阴影"样式，得到图 3-21（b）所示的效果。

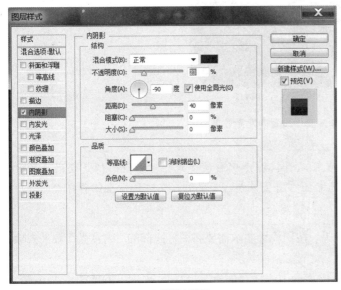

（a）设置内阴影　　　　　　　　　　　　　（b）内阴影效果

图 3-21　设置内阴影效果

(4) 添加样式后，图中将显示 符号，表示已经添加了样式，只需双击 符号即可打开"图层样式"对话框,进行增加、修改样式的操作。此处需要添加白色"内发光"样式,按照如图 3-22(a)所示的参数设置,效果图如图 3-22(b)所示。

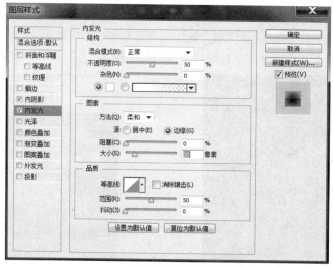

（a）设置内发光

（b）内发光效果

图 3-22　设置内发光效果

小技巧

双击图层名称外的空白区域也可以直接打开"图层样式"对话框,但是使用此种方法,"图层样式"对话框中没有选中任何图层样式,需要用户在对话框左侧的样式列表中自行选择需要添加的图层样式。

（5）图标的四周都有"内发光"效果,按照设计要求需要将图标底部的"内发光"效果去除。具体做法是:

① 在"图层样式"上右击,在快捷菜单中选择"创建图层"命令,如图 3-23(a)所示,将"图层样式"转化为图 3-23(b)所示的"'圆角矩形'的内阴影"和"'圆角矩形'的内发光"两个剪切蒙版图层。

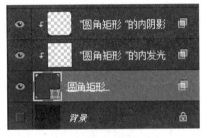

(a) 创建图层　　　　　　　　　(b) 剪切蒙版

图 3-23　创建图层，设置剪切蒙版

②在"'圆角矩形'的内发光"图层新建蒙版，并用黑色画笔将图标底部的"内发光"效果擦除，如图 3-24 (a) 所示，效果如图 3-24 (b) 所示。

(a) 蒙版　　　　　　　　　　(b) 蒙版效果

图 3-24　新建蒙版

(6) 使用工具箱中的"矩形工具"，"填充"设置为黑色（000000），"描边"设置为无，绘制一个 500×500 像素的"矩形 1"图层，选择该图层，使用【Ctrl+T】组合键，旋转 45°，如图 3-25 所示。

(7) 按住【Alt】键的同时将鼠标移至"矩形 1"图层，基于"圆角矩形"图层单击创建剪贴蒙版，此时"矩形 1"图层将只显示与"圆角矩形 1"图层交叉区域的内容，修改"矩形 1"图层的不透明度为 47%，如图 3-26 所示。

图 3-25　绘制矩形

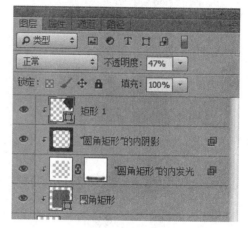

图 3-26　修改不透明度

（8）选择工具箱中的"横排文字工具"，并将选项栏中的"字体"设置为"华文楷体"、大小"600点"、颜色"白色（#ffffff）"，在图标的中心位置输入文本"游"如图 3-27 所示。

（9）将字体大小更改为"70 点"，输入文本"红色旅游"，使用【Ctrl+T】组合键，旋转45°，放置在图标右上角，再将字体移动到合适位置，完成图标的制作，如图 3-28 所示。

图 3-27　输入文本

图 3-28　输入图标右上角文本

拓展任务

设计制作安卓机器人桌面启动图标，如图 3-29 所示。

图 3-29　安卓机器人桌面图标

任务 3.4　制作折纸风格日历图标

任务描述

设计一个折纸风格日历图标，要求层次丰富，结构明显有较强的空间立体感，使复杂和简洁相统一。效果图如图 3-30 所示。

图 3-30　折纸风格日历图标

设计思路

采用折纸风格、扁平化风格设计图标，使用图层样式设置图层的立体性，利用形状的变形创造立体折叠效果。

任务实施

（1）新建一个 800×800 像素的空白画布，将前景色设置为灰色（#737373），并使用【Alt+Delete】组合键将画布填充为灰色，设置画布的中心点为参考线的交点。如图 3-31 所示。

（2）选择"圆角矩形工具" ，并将其选项栏中的"填充"设置为黑色，"描边"设置为无，半径设置为 100 像素，以画布中心为中心绘制一个正圆角矩形 1，如图 3-32 所示。

图 3-31　新建画布

图 3-32　绘制正圆角矩形1

（3）单击"图层"调板中的"添加图层样式按钮" fx ，在菜单列表中分别选择"斜面和浮雕""内阴影""渐变叠加""投影"和"描边"选项，按照图 3-33 至 3-37 所示的"图层样式"对话框所示参数设置图层样式，得到图 3-38 所示的效果。

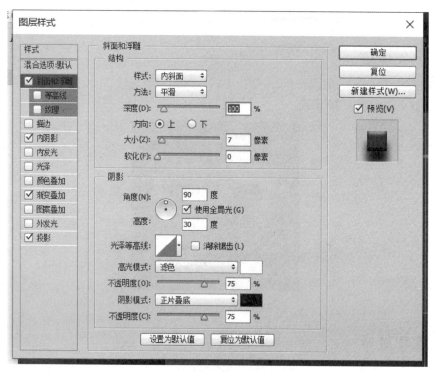

图 3-33　设置斜面和浮雕

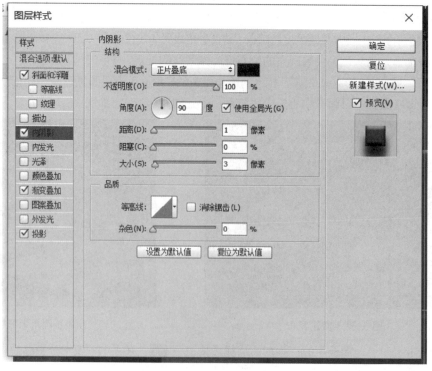

图 3-34　设置内阴影

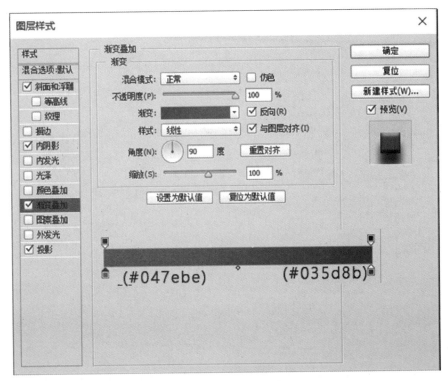

图 3-35　设置渐变叠加

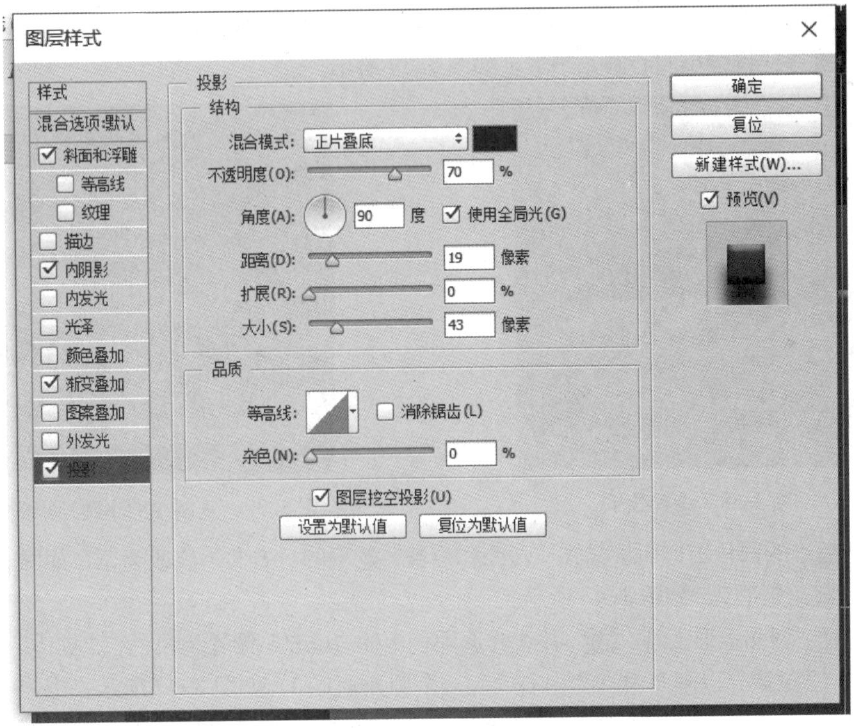

图 3-36　设置投影

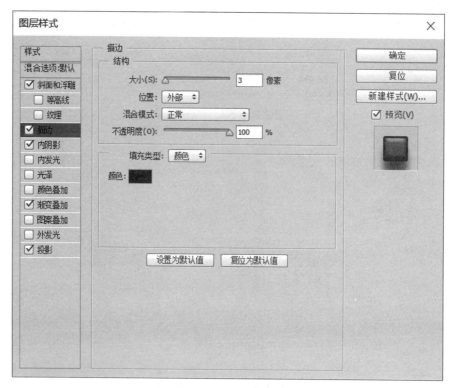

图 3-37　设置描边

（4）使用【Ctrl+J】组合键复制圆角矩形，使用【Ctrl+T】组合键后再使用【Shift+Alt】组合键，利用鼠标左键等比例缩小同心圆角矩形，如图 3-39 所示。

图 3-38　设置效果

图 3-39　复制并缩小圆角矩形2

（5）将缩小的圆角矩形图层样式"斜面和浮雕"选项的"方向"修改为下，如图 3-40 所示，得到内陷的圆角矩形 2，如图 3-41 所示。

（6）选择"圆角矩形工具"，并将其选项栏中的"填充"设置为白色，"描边"设置为无，半径设置为 15 像素，以画布中点为中心绘制一个圆角矩形 3，如图 3-42 所示。

（7）使用工具箱中的"横排文字工具"，并将选项栏中的"字体"设置为"CenTury Gothic"，"字号"设置为 220 点，并输入数字 0 和 7，如图 3-43 所示。

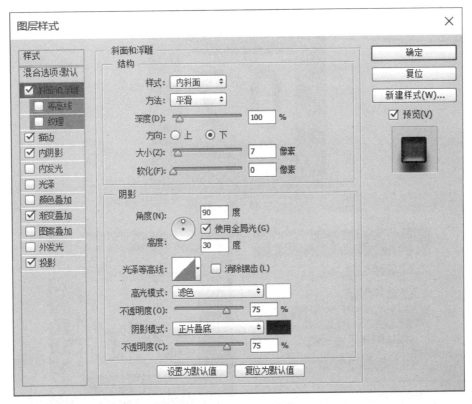

图 3-40 斜面和浮雕

图 3-41 设置效果

图 3-42 绘制圆角矩形3

（8）使用【Ctrl+J】组合键复制步骤（6）的圆角矩形3，得到圆角矩形4，并移动到所有图层的上方，选择"矩形工具" ，并将其选项栏中的路径操作选项更改为"减去顶层形状"，如图 3-44（a）所示。绘制矩形减去圆角矩形4的下半部分，再选择"合并形状组件"，如图 3-44（b）所示。

（9）使用【Ctrl+T】组合键后，压缩步骤（8）的圆角矩形4，如图 3-45（a）所示，再使用【Ctrl+Shift+Alt】组合键斜切圆角矩形4，如图 3-45（b）所示。

图 3-43　输入数字

（a）减去顶层形状

（b）合并形状组建

图 3-44　步骤（8）

（a）压缩圆角矩形4

（b）斜切圆角矩形4

图 3-45　步骤（9）

（10）复制步骤（9）的斜切圆角矩形 4，得到圆角矩形 5，使用【Ctrl+T】组合键后，垂直翻转并移动到合适位置，填充黑色，将图层混合模式设置为"正片叠底"，不透明度设置为20%，如图 3-46 所示，效果图如图 3-47 所示。

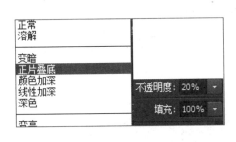

图 3-46　设置图层混合模式和不透明度

图 3-47　圆角矩形5阴影效果

（11）隐藏圆角矩形 5，复制文字图层"07"，并移动到所有图层的上方，右击文字图层，在快捷菜单中选择"转换为形状"命令，如图 3-48 所示，得到数字形状图层。

图 3-48　转换为形状

（12）隐藏原文字图层的"07"，选择"矩形工具"，并将其选项栏中的路径操作选项更改为"减去顶层形状"，如图 3-49（a）所示。绘制矩形，减去数字形状图层的下半部分，再选择"合并形状组件"，如图 3-49（b）所示。

（a）减去顶层形状

（b）绘制并自由变换矩形

图3-49　步骤（12）

（13）使用【Ctrl+T】组合键后压缩数字形状图层，如图3-50（a）所示，再使用【Ctrl+Shift+Alt】组合键"斜切"数字形状图层，如图3-50（b）所示。

（a）压缩数字形状图层

（b）斜切数字形状图层

图3-50　步骤（13）

（14）恢复文本图层数字"07"和圆角矩形5阴影效果显示，如图3-51所示。设置圆角矩形3和圆角矩形4图层样式的"斜面和浮雕"和"渐变叠加"选项，按照图3-52、图3-53所示的"图层样式"对话框所示参数设置图层样式，完成案例制作，得到图3-54所示的效果。

图3-51　恢复隐藏图层显示

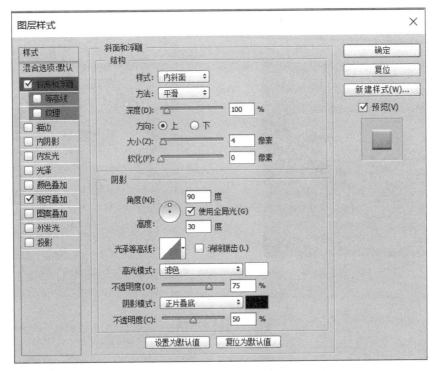

图 3-52 斜面和浮雕

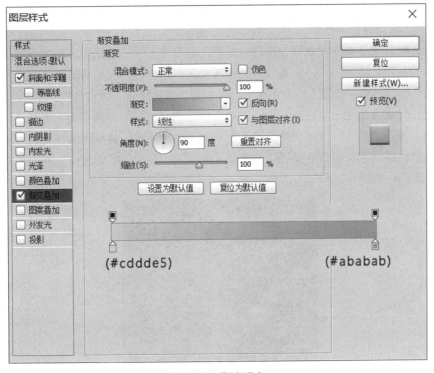

图 3-53 渐变叠加

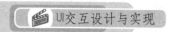

拓展任务

制作折叠风格日历图标，如图 3-55 所示。

图 3-54　效果图

图 3-55　折叠风格日历图标

知 识 库

一、扁平化设计特点

扁平化设计也称简约设计，它的特点就是采用明亮的纯色块，简洁的元素设计，去掉冗余的透视、纹理、渐变等装饰效果，进而减轻用户的视觉负担，使用户更加专注于内容本身。然而，纯粹的扁平化设计又显得特别单调，在符合扁平化的简洁美学的前提下，增加一些细微的光影效果，例如长投影、微阴影、轻折叠等效果，增加其美感。扁平化风格的优势就在于它可以更加简单直接地将信息和事务的工作方式展示出来，减少臃肿复杂的视觉负担。

扁平化设计尤其适用于手机图标设计，它可以在相对较小的屏幕界面上更加简单直接地将要表达的信息展示给用户。例如，苹果手机和华为手机大量使用扁平化设计元素，采用对比非常强烈的颜色，结合其原生的界面设计，具备了鲜明的个性、清晰的边缘，在用户体验上更有优势，如图 3-56、图 3-57 所示。

图 3-56　苹果手机iOS系统扁平化设计

图 3-57　华为手机安卓系统扁平化设计

二、扁平化设计原则

扁平化风格要求将"信息"本身作为最重要的要素凸显出来，强调抽象、极简和符号化，因此相较于其他风格而言，能给用户带来更加直观的体验效果，这种风格使得界面更加干净整齐，用户使用也格外简单。因此在设计扁平化图标的过程中应遵循以下原则：

（1）减少或不使用特效。手机屏幕相对较小，扁平化风格由于采用简洁的元素设计，几乎不使用特效，可以使界面干净整齐，让用户使用更加简便。如图 3-58 所示。

（2）使用简单元素。图标设计需要让用户非常直观地理解其含义，尽可能简单，如图 3-59 所示。

图 3-58　扁平化设计

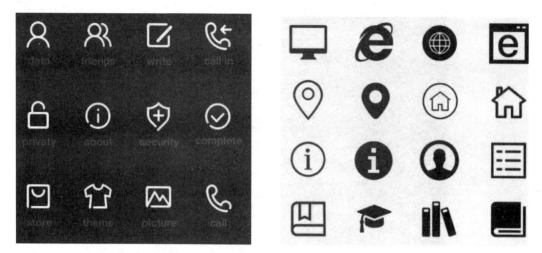

图 3-59　使用简单元素

（3）选用简单字体。字体选择应选用简单字体，适当利用加粗、更改字体大小来帮助用户理解设计所要表达的信息和事物，拒绝使用花体字等元素破坏扁平化设计的总体风格。如图 3-60 所示。

图 3-60　选用简单字体

（4）使用多种色彩搭配，色彩变化要求更加均匀和细腻。扁平化设计在色彩的使用方面要求颜色比较鲜艳和明亮，颜色也要求丰富多彩，但是色彩的变化要更加均匀和细腻。如图3-61所示。

图 3-61　色彩的使用

（5）注重简约，减少或杜绝无关元素和颜色的引入。扁平化设计尽可能使用简单的元素和文本，尤其要拒绝引入无关的元素和细节，如图3-62所示。

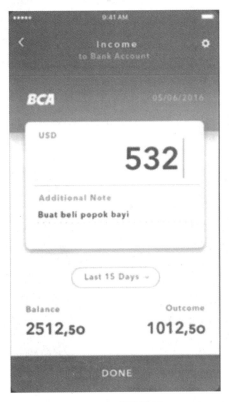

图 3-62　简约设计

设计拟物化图标

拟物化图标在设计制作的过程中强调组成元素要符合现实中物体的真实状态，包括外形、材料、角度、大小比例及色彩等因素。因此拟物化图标保留了现实中物体的各种装饰元素，保证了用户一眼就能根据它的外在形态判断出所要表达的信息。

任务 3.5　制作通讯录图标

• 扫一扫 •

任务3.5
制作通讯录
图标

任务描述

制作一个拟物化的通讯录图标，如图 3-63 所示。

设计思路

拟物化通讯录图标外观是一个厚笔记本，笔记本的封面采用椭圆形状工具组合生成，再设置相应的图层样式获得浮雕效果，厚厚的内页使用多层形状图层堆叠生成，侧面则使用钢笔工具绘制。

任务实施

（1）新建一个 1 500×1 500 像素的空白画布，再将前景色设置为灰色（#626262），并使用【Alt+Delete】组合键将画布填充为灰色，如图 3-64 所示。

图 3-63　拟物化通讯录图标

（2）选择"圆角矩形工具" ，并将其选项栏中的"填充"设置为蓝色（#00476c），"描边"设置为无，半径设置为 120 像素，以画布中心为中点绘制一个正圆角矩形 1，如图 3-65 所示。

图 3-64　新建画布

图 3-65　绘制正圆角矩形1

（3）单击"图层"调板中的"添加图层样式按钮" ，在菜单列表中选择"斜面和浮雕"选项，按照图 3-66 和图 3-67 所示的"图层样式"对话框所示参数设置图层样式，得到如图 3-68 所示的效果。

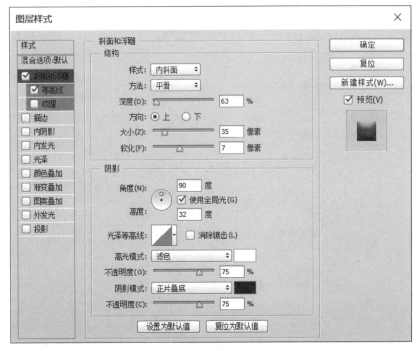

图 3-66　设置斜面和浮雕选项

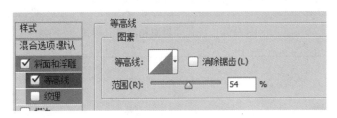

图 3-67　设置等高线选项

（4）选择"圆角矩形工具" ，并将其选项栏中的"填充"设置为白色，"描边"设置为无，半径设置为 120 像素，绘制一个圆角矩形 2，如图 3-69 所示。

图 3-68　设置效果

图 3-69　绘制圆角矩形2

（5）设置图层样式的"斜面和浮雕"和"投影"样式，按照图3-70和图3-71所示的"图层样式"
对话框所示参数设置图层样式，得到图3-72所示的效果。

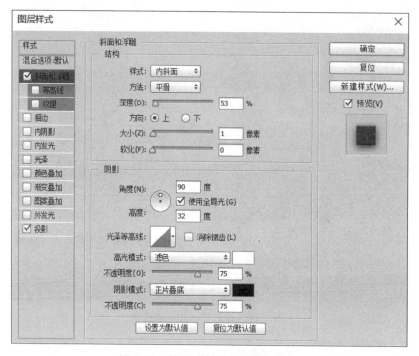

图 3-70　设置"斜面和浮雕"样式

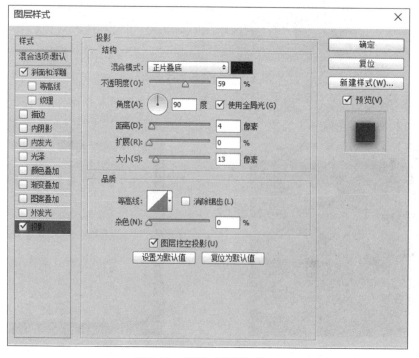

图 3-71　设置"投影"样式

图 3-72　设置效果

（6）将圆角矩形 2 图层"栅格化"后，使用【Ctrl+J】组合键复制图层，再使用键盘的方向键【↑】将复制得到的图层向上移动 3 个像素，如图 3-73 所示。

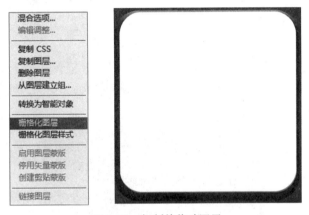

图 3-73　复制并移动图层

（7）重复执行 27 次步骤（6），新建一个图层组命名为"内页"，将获得的这 27 个图层放入内页图层组中，如图 3-74 所示。

图 3-74　创建内页组

（8）挑选内页组中的合适图层载入选区，如图 3-75（a）所示，利用该选区为内页图层组建立图层蒙版，如图 3-75（b）所示。

（a）创建选区　　　　　　　　　　　（b）创建图层组图层蒙版

图 3-75　步骤（8）

（9）复制圆角矩形 1，清除图层样式后，使用【Ctrl+T】组合键调整大小后，使用钢笔工具绘制图形，并存储为路径，以备后续步骤使用。然后将其转换为选区，填充蓝色（#00476d），如图 3-76 所示。

图 3-76　绘制图形并填充颜色

（10）设置图层样式的"斜面和浮雕"和"投影"样式，按照图 3-77 和图 3-78 所示的"图层样式"对话框所示参数设置图层样式，得到图 3-79 所示的效果。

（11）设置前景色为浅灰色（#7a797a），背景色为深灰色（#232c32），新建一个图层，调用步骤（9）存储的路径，转换为选区后，再利用前景色至背景色渐变填充，如图 3-80 所示。

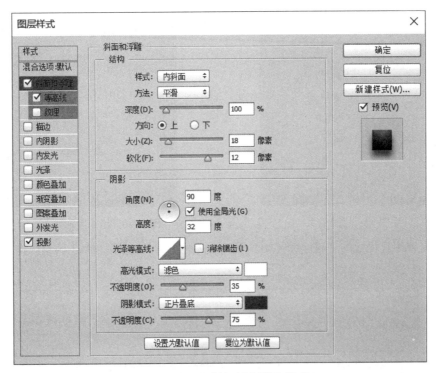

图 3-77　设置"斜面和浮雕"样式

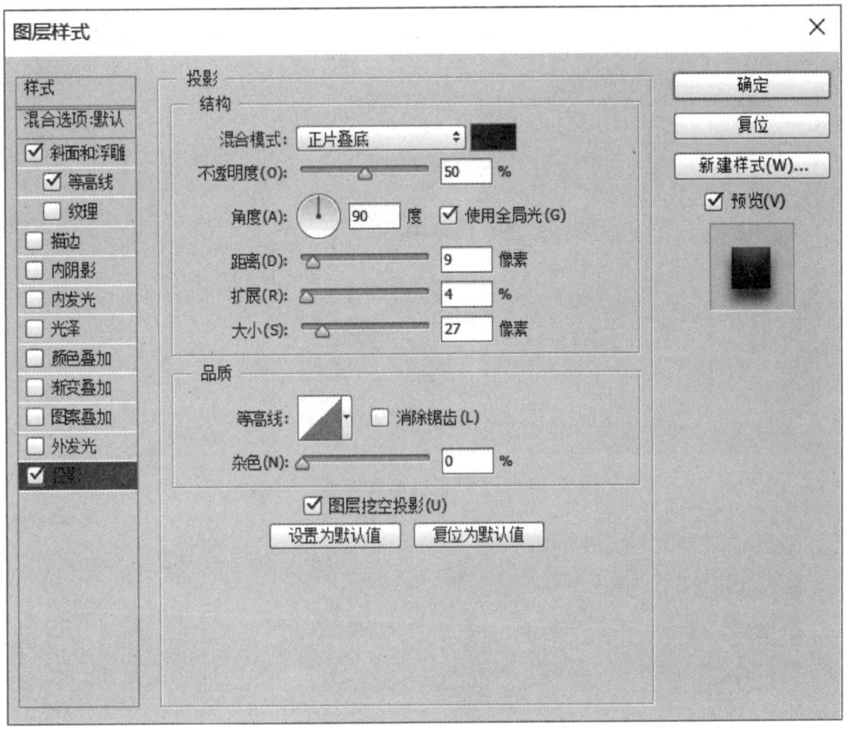

图 3-78　设置"投影"样式

图 3-79　设置效果

图 3-80　绘制图形并填充颜色

（12）设置图层样式的"斜面和浮雕"样式，按照图 3-81 和图 3-82"图层样式"对话框所示参数设置图层样式，得到图 3-83 所示的效果。

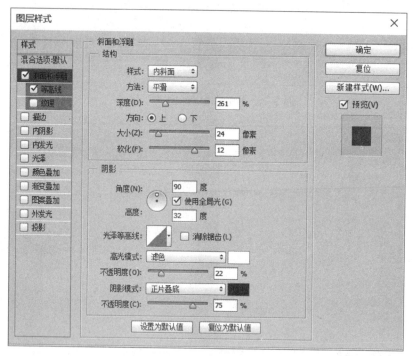

图 3-81　设置"斜面和浮雕"样式

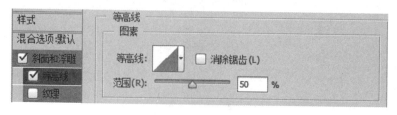

图 3-82　设置"等高线"样式

图 3-83　设置效果

（13）选择"矩形工具" ▣ ，并将其选项栏中的"填充"设置为蓝色（＃00476c），"描边"设置为无，绘制书签，如图 3-84（a）所示。使用钢笔工具组的"添加锚点工具" ✍ 在矩形底部中间添加锚点，并拖动至矩形合适位置，如图 3-84（b）所示。

（a）绘制矩形　　　　　　　　　　　　（b）添加锚点并拖拽至合适位置

图 3-84　步骤（13）

（14）选择"椭圆工具" ⬭ ，按住【Shift】键绘制一个圆，并将其选项栏中的"填充"设置为无，"描边"设置为白色、15点、对齐居外，如图 3-85 所示。

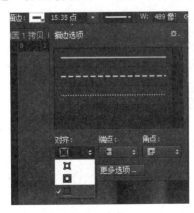

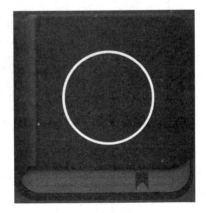

图 3-85　绘制圆形并描边

（15）选择"椭圆工具" ⬛，按住【Shift】键绘制一个圆，并将其选项栏中的"填充"设置为白色，"描边"设置为无，如图 3-86 所示。

（16）选择"椭圆工具" ⬛，绘制一个椭圆，并将其选项栏中的"填充"设置为白色，"描边"设置为无，如图 3-87（a）所示。创建图层蒙版，如图 3-87（b）所示。

（a）绘制形

（b）添加锚点并拖拽至合适位置

图 3-86　绘制圆形

图 3-87　步骤（16）

（17）栅格化步骤（14）至步骤（16）的三个形状图层，如图 3-88 所示，再合并图层。

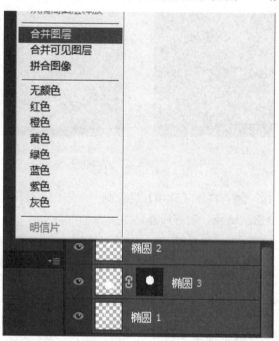

图 3-88　栅格化、合并图层

（18）为新合并的图层设置"混合选项"和"斜面和浮雕"样式，按照图 3-89 和图 3-90"图层样式"对话框所示参数设置图层样式，完成案例制作，得到图 3-91 所示的效果。

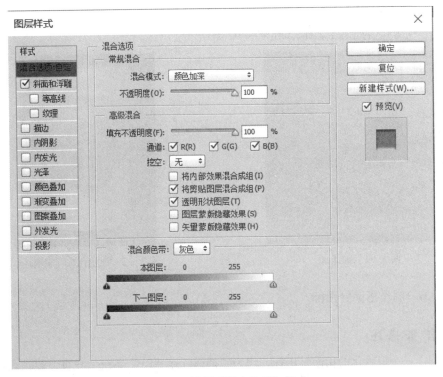

图 3-89 设置"混合选项"样式

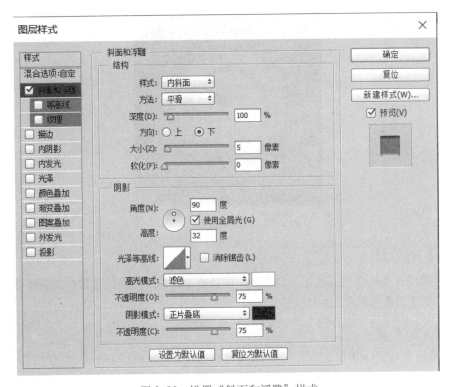

图 3-90 设置"斜面和浮雕"样式

拓展任务

制作一个拟物化的咖啡杯图标，如图 3-92 所示

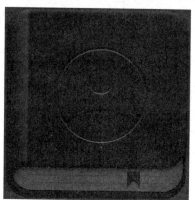

图 3-91　效果图

图 3-92　拟物化咖啡杯图标

任务 3.6　制作指南针图标

扫一扫

任务3.6
制作指南针
图标

任务描述

设计制作一个拟物化的指南针图标，作为"徜徉红途 APP"系统引导页，要求线条简单，图形指示意义明确，如图 3-93 所示。

图 3-93　拟物化指南针图标

设计思路

拟物化指南针图标使用形状工具创建多个图层叠加，配合相应的图层样式获得强烈的立体感，颜色搭配使用蓝色系列营造科技感。

任务实施

（1）新建一个 800×600 像素的空白画布，将前景色设置为灰色（9d9d9d），并使用【Alt+Delete】组合键将画布填充为灰色。设置画布的中点为参考线的交点，如图 3-94 所示。

（2）选择"圆角矩形工具" ，并将其选项栏中的"填充"设置为深蓝色（#16577b），"描

边"设置为无,半径设置为120像素,以画布中点为中心绘制一个正圆角矩形1,如图3-95所示。

图 3-94 新建画布 图 3-95 绘制正圆角矩形1

(3)为圆角矩形1设置图层样式的"斜面和浮雕"和"内发光"样式,按照图3-96和图3-97"图层样式"对话框所示参数设置图层样式,得到图3-98所示的效果。

(4)选择"椭圆工具" ,并将其选项栏中的"填充"设置为白色,"描边"设置为无,按住【Alt+Shift】组合键,以画布中点为圆心绘制一个圆形,如图3-99所示。

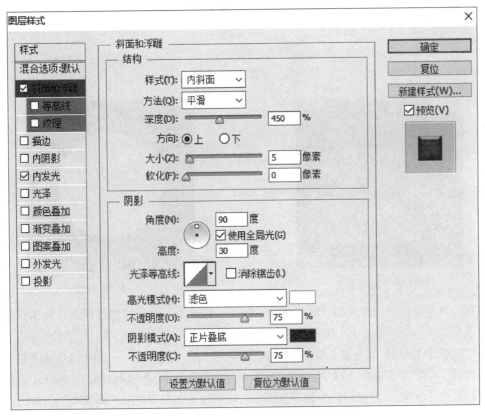

图 3-96 设置"斜面和浮雕"样式

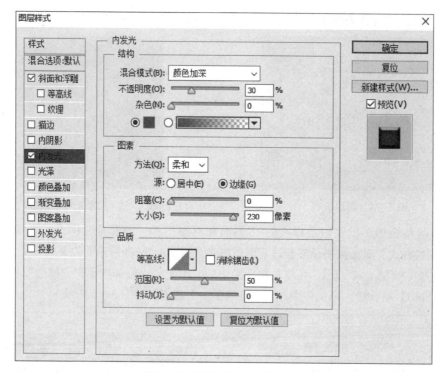

图 3-97　设置"内发光"样式

图 3-98　设置效果

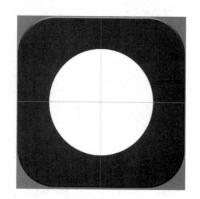

图 3-99　绘制圆形

（5）为圆形设置图层样式的"渐变叠加"样式，按照图 3-100 "图层样式"对话框所示参数设置图层样式，得到图 3-101 所示的效果。

（6）使用【Ctrl+J】组合键复制圆形图层，并将新图层"栅格化"，使用【Ctrl+T】自由变换新图层后，再使用【Shift+Alt】组合键，利用鼠标左键等比例缩小同心圆，如图 3-102 所示。

（7）采用与步骤（5）相同的参数，为缩小的圆形设置图层样式的"渐变叠加"样式，渐变色从（#9198aa）至（# dce1eb），再选择"滤镜"菜单的"高斯模糊"选项，半径设置为 3 像素，如图 3-103 所示，得到图 3-104 所示的效果。

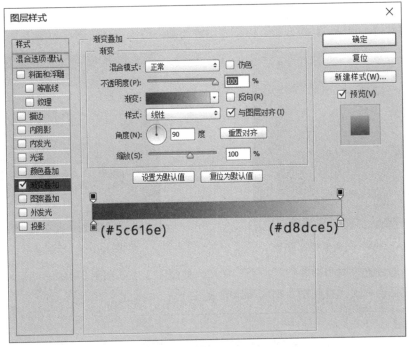

图 3-100 设置渐变叠加

图3-101 设置效果

图 3-102 复制并缩小新图层

图 3-103 设置高斯模糊

（8）选择"椭圆工具"□，并将其选项栏中的"填充"设置为浅蓝色（#2db5fb），"描边"设置为无，按住【Alt+Shift】组合键，以画布中点为圆心绘制一个圆形，如图3-105所示。

图3-104　高斯模糊效果图

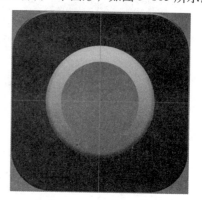

图3-105　绘制圆形

（9）为圆形设置"内阴影"和"投影"样式，按照图3-106和图3-107"图层样式"对话框所示参数设置图层样式，得到图3-108所示的效果。

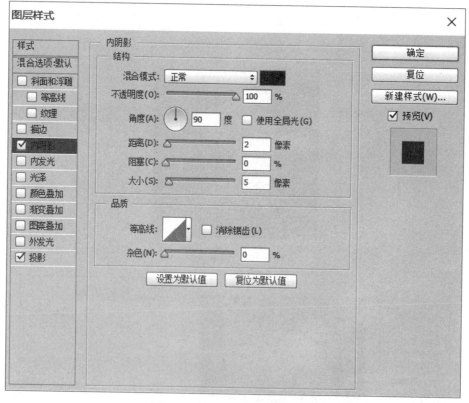

图3-106　设置"内阴影"样式

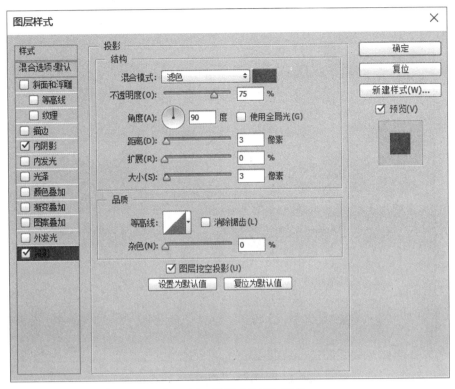

图 3-107 设置"投影"样式

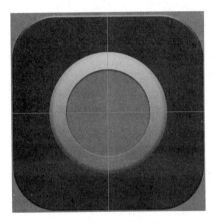

图 3-108 设置效果

(10) 选择"椭圆工具" ，并将其选项栏中的"填充"设置为浅灰色（#d6dce5），"描边"设置为无，按住【Alt+Shift】组合键，以画布中点为圆心键绘制一个圆形，再按照图 3-109~图 3-111 所示参数，设置图层样式，得到图 3-112 所示的效果。

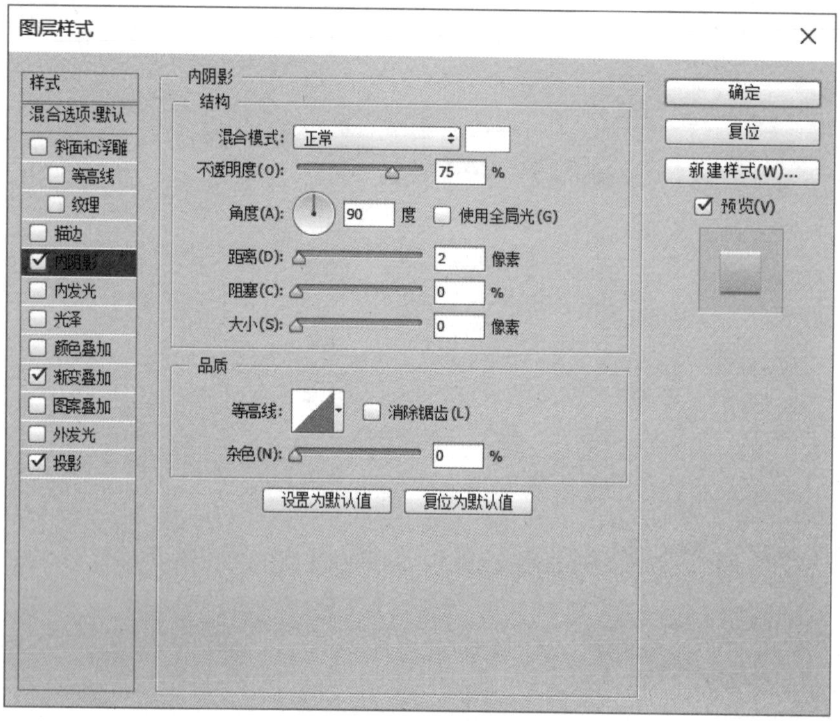

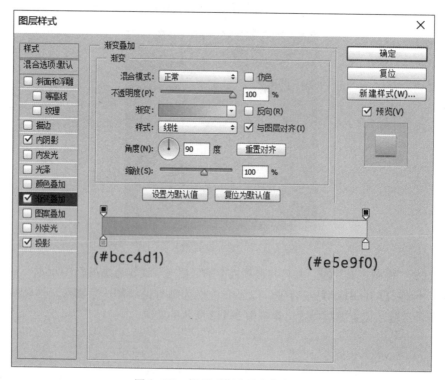

图 3-109 设置"内阴影"样式

图 3-110 设置"渐变叠加"样式

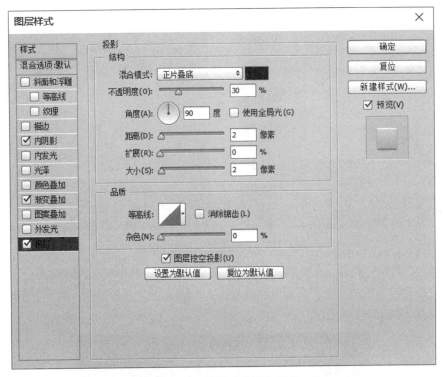

图 3-111 设置"投影"样式

图 3-112 设置效果

（11）选择"矩形工具" ，并将其选项栏中的"填充"设置为白色，"描边"设置为无，按住【Alt+Shift】组合键，以画布中点为圆心键绘制一个正方形（矩形1形状图层），再使用直接选择工具 选中正方形的左上角锚点，向右下角拖动。按照同样的方法处理右下角锚点，如图 3-113 所示。

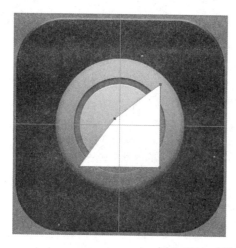

图 3-113　直接选择工具制作形状

（12）使用【Ctrl+J】组合键复制矩形 1 形状图层 2 次，分别为矩形 2 和矩形 3。将矩形 2 选项栏中的"填充"设置为红色，再使用直接选择工具 选中左下角锚点，向右上角拖动至中心点后删除锚点，如图 3-114 所示。

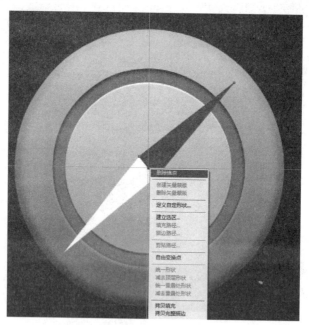

图 3-114　复制图层、删除锚点

（13）将复制的矩形 3 移动到红色的矩形 2 上方，"填充"设置为黑色，使用直接选择工具 选中上方锚点，向右下拖动至中心点，并将透明度设置为 30%，得到立体效果，如图 3-115 所示。

（14）选择"椭圆工具" ，并将其选项栏中的"填充"设置为白色，"描边"设置为无，按住【Alt+Shift】组合键，以画布中点为圆心绘制一个圆形，如图 3-116 所示。

图 3-115　设置指南针立体效果

图 3-116　绘制圆形

（15）为圆形设置图层样式的"投影"选项，按照图 3-117"图层样式"对话框所示参数设置图层样式，完成图标制作，如图 3-118 所示。

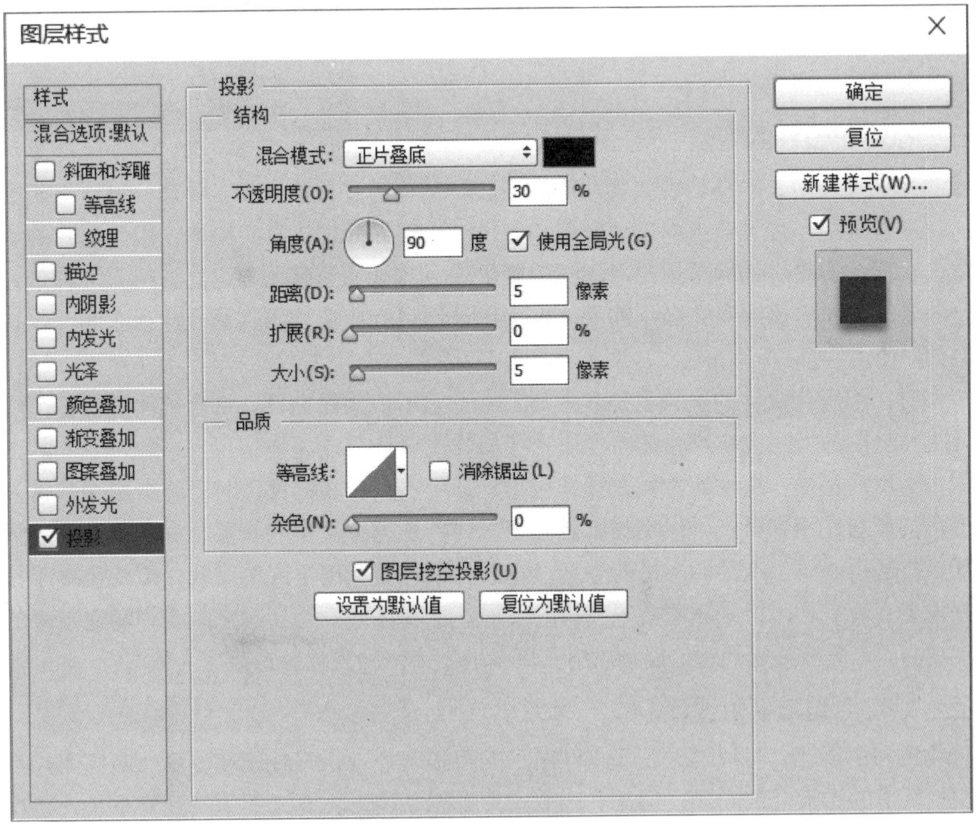

图 3-117　设置投影

拓展任务

制作一个拟物化的计算器图标，如图 3-119 所示。

图 3-118　设置效果

图 3-119　拟物化计算器图标

知　识　库

一、拟物化设计的特点

拟物化设计通常要求模拟现实物品的造型和质感，通过叠加高光、纹理、材质、阴影等效果对实物进行再现，也可适当程度地变形和夸张。由于界面模拟真实物体，因此用户的认知和学习成本极低。拟物化消除了用户对图标的陌生感，其视觉美感无与伦比，给人一种带入感，即使是一个从来没有接触数字媒体的人，拟物化设计也会让他认出这是个什么东西，并且能快速领会如何使用它。

但同时，拟物化设计的优势也是其劣势。由于采用拟物化设计，都会试图模仿一个现实物品的外观与功能，但是数字媒介的特性决定了拟物化设计只能是模仿现实事物，它们的工作方式不同。当用户按操作实物的方式去操作应用，却得不到应有的反馈时，将会给用户带来很大的困惑，甚至对应用本身产生一定的抵触心理。特别是越像真实的物品，它所带来的局限性也就越明显，这也阻碍了产品的改进与革新。在数码设备普及度不高的时代，拟物化对于孩子和老人来说更直观有趣。但是随着数码科技的发展，拟物化的好处会越来越少，随之带来的是开发成本增加、审美疲劳等问题，拟物风格会更多地作为一种视觉装饰。

二、拟物化和扁平化设计

拟物化和扁平化，可以通过图 3-120 所示的两张图片进行直观比较。虽然两幅图片都模仿了现实生活中的计算器的布局，但是右边的图片抛弃了阴影、高光等拟真视觉效果，显得更加扁平，而左边的图片使用渐变、阴影、高光等特效，真实感更加强烈。

在具体的使用过程中拟物化和扁平化各有优势。拟物化设计界面模拟真实物体的材质、质感、细节、光亮等，人机交互也拟物化，模拟现实中的交互方式。扁平化设计界面采用单色极简的抽象矩形色块、大字体、光滑、现代感十足，交互的核心在于功能本身的使用，所以去掉了冗余的界面和交互，而是使用更直接的设计来完成任务。因此拟物化设计是让用户直观理解图标的含义，而扁平化设计是让用户意会图标的含义。

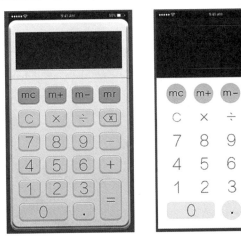

(a) 拟物化　　　　　　　(b) 扁平化

图 3-120　扁平化和拟物化图标

单元总结

本单元通过对 6 个任务的实施流程介绍，阐述了扁平化和拟物化图标的设计特点和设计方法。通过本单元的学习，读者能熟悉掌握 UI 设计中利用 Photoshop 软件制作扁平化和拟物化图标的基本方法。

单元4
Illustrator 综合图标设计

单元导读

除了Photoshop软件外，Illustrator软件也在图标设计中起到非常重要的作用。Illustrator是Adobe公司开发的一款矢量图形设计软件，因为其强大的功能和人性化的界面被广泛用于平面图形制作领域。本单元，我们来学习利用Illustrator，轻松创建UI界面中不同风格和不同功能的图标。

单元要点

➢设计不同风格的图标；
➢设计不同功能的图标；
➢设计控件图标。

 平面风格图标设计

图标是移动终端 UI 设计中非常重要的环节。在一个 UI 界面中存在多种不同功能的图标，设计者希望通过每个图标的"外貌"便能让用户较为清楚地了解图标所代表的功能，这就要求在图标设计中需要注意图标的象征性。在图标的设计过程中，如何表现象征性值得设计师关注。

任务 4.1　红色旅游景点图标设计

任务描述

在红色旅游 APP 的 UI 设计中，需要大量的功能图标来表现富有特色的红色旅游景点，图 4-1 所示图标则为一个红色旅游景点图标。设计的原型是红色革命根据地延安的宝塔、河流、大雁、日出等元素。该设计将各个元素通过意象化的表现进行拼合、布局，形

图 4-1　红色旅游景点图标

扫一扫 ●

任务4.1
红色旅游景点
图标设计

成了构图良好，颜色适当的功能图标。

设计思路

根据设计的主题是红色旅游景点图标设计，所以在图标的图形和颜色上需要凸显红色旅游的主题。本案例选取红黄蓝为主要色调，凸显红色之旅的红色主题。在图形设计上，以延安宝塔为重点，设计出简单的宝塔形象，并配合流水与日出的形象作为图形设计的基础。最后使用飞行的大雁作为整个图标的点缀，即可形成完整的图标。

在制作过程中，主要运用钢笔工具勾勒不规则图形形状，运用圆形和多边型工具进行图形运算，获得宝塔和落日等图形。最后，将所有图形进行组合构图，填充颜色，即可得到图标。

任务实施

（1）使用矩形工具绘制一个矩形，填充色设置为淡蓝色，描边色设置为无，如图4-2所示。

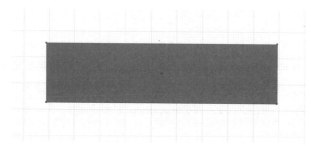

图4-2　蓝色矩形

（2）使用添加锚点工具，给矩形添加两个锚点，并移动锚点位置，得到图4-3所示形状。

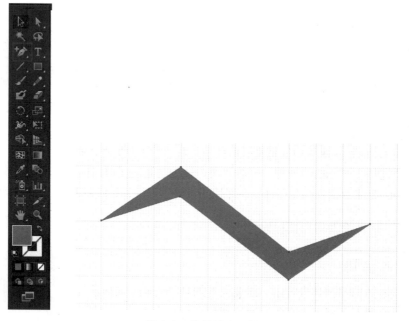

图4-3　编辑锚点工具

（3）选中中间的四个锚点，将其转换为平滑点，如图4-4所示。

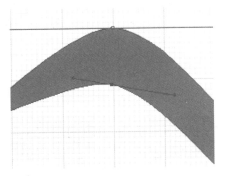

图 4-4　将锚点转换为平滑点

（4）调整平滑锚点的手柄来调整锚点的曲线形状，如图 4-5 所示。

图 4-5　锚点的手柄

（5）调整锚点的曲线大小，调整形状，如图 4-6 所示。

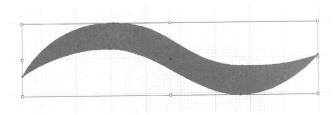

图 4-6　调整后的形状

（6）采取同样的方法添加锚点，移动、转换锚点，绘制第二个图形，如图 4-7 所示。

图 4-7　绘制第二个形状

（7）使用钢笔工具，绘制图 4-8 所示形状，注意不要闭合形状。

（8）将终点的位置接近起点，调整曲线位置，当曲线位置调整合适时，选择起点和终点，连接两点，闭合曲线，如图 4-9 所示。

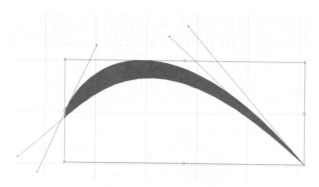

图 4-8　钢笔工具绘制的不闭合形状

图 4-9　闭合起点和终点

（9）调整刚刚绘制的三个形状的位置，得到图 4-10 所示图形，形成水浪效果。

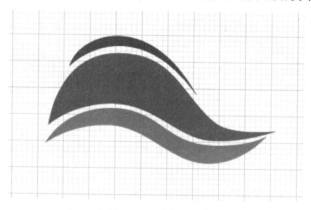

图 4-10　水浪效果

（10）绘制宝塔形状，首先绘制宝塔塔身形状，画一个长方形，使用直接选择工具，调整上方两个锚点的位置，形成一个等腰梯形，如图 4-11 所示。

（11）绘制一个三角形，并使用选择工具将三角形压扁，形成等腰三角形，复制一个三角形，等比缩放，向上移动到合适位置作为塔尖，选择两个三角形，在菜单栏中选择"对象"→"混合"→"建立"命令，建立混合图形，调整混合选项，间距设置为指定的步数"2"，如图 4-12、图 4-13 所示。

（12）将塔身和塔尖的图形进行居中对齐，并编组合成一个形状，完成宝塔形状的绘制，如图 4-14 所示。

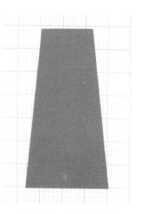

图 4-11　塔身效果

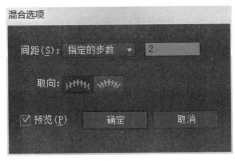

图4-12　"混合选项"设置

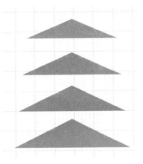

图4-13　塔尖效果

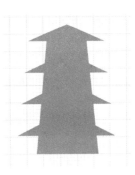

图4-14　宝塔效果绘制

（13）太阳形状的绘制，首先绘制两个圆形，填充色进行相应的设置，并将两个圆形叠加在一起，如图4-15所示。

（14）再绘制一个圆形，形状与上文绘制的水浪效果相当。移动圆形，与太阳雏形重合，并按【Ctrl+C】组合键复制一个圆形；在菜单栏中选择"窗口"→"路径查找器"命令，调出路径查找器，如图4-16所示，选择红色圆形和蓝色圆形，如图4-17所示，点击路径查找器减去顶层命令，得到图4-18所示的形状。

图4-15　太阳雏形

图4-16　路径查找器

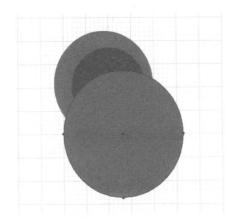

图4-17　图形重合效果

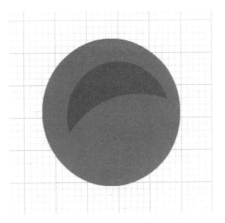

图4-18　减去顶层

（15）将刚复制的蓝色圆形按【Ctrl+F】组合键粘贴在原来位置，再次选中橘色圆形和蓝色圆形，再次按下路径查找器中的减去顶层命令，得到路径后调整图层中的上下位置关系，得到图4-19所示的形状。

（16）调整以上步骤所绘制的水浪、宝塔、太阳三个图形的位置关系，如图 4-20 所示。

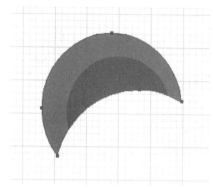

图 4-19　太阳效果图形

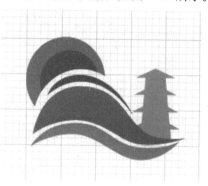

图 4-20　初步合成效果

（17）利用钢笔工具绘制大雁形状，如图 4-21 所示。

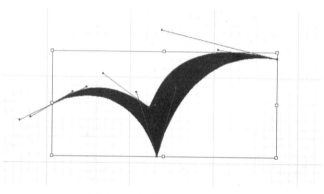

图 4-21　钢笔工具绘制大雁

（18）绘制阴影效果。首先绘制一个圆形，描边色设置为空，填充色设置为渐变填充，填充类型为径向，初始点的颜色为黑色，不透明度为 30%，终止点的颜色为黑色，不透明度为 0%，如图 4-22 所示。

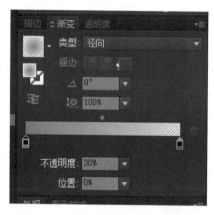

（a）设置渐变填充

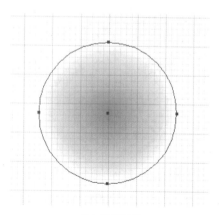

（b）阴影效果

图 4-22　步骤（18）

（19）将所绘制的圆形阴影添加羽化效果，选择菜单栏中的"效果"→"风格化"→"羽化"命令，羽化半径设置为10 pt，并对形状进行上下方向缩放，得到图4-23所示的效果。

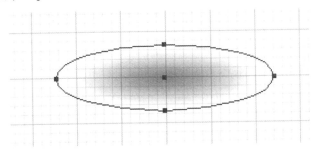

图4-23 羽化及缩放效果

（20）将所有绘制的图形整合到参考线中，图标整体形状是一个正方形，布局的大小如图4-24所示。

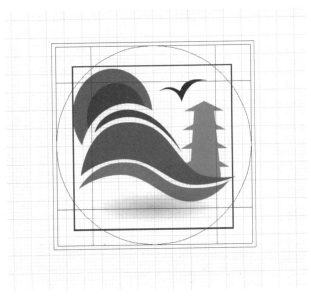

图4-24 启动图标设计

拓展任务

通过上述红色经典景区图标案例的学习，读者对使用Illustrator软件制作图标有了一定的经验，对红色旅游的相关图标有了一定的认识。接下来，通过案例的练习来达到能力的提升。下图是某公司设计的一款红色旅游的图标，请根据图4-25所示图形，利用Illustrator软件，仿照绘制相同图标。

图4-25 红色旅游图标

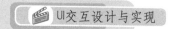

知　识　库

图标参考线绘制

不论是 iOS 系统还是 Android 系统的图标设计，均有参考线帮助设计者对图标大小进行规范。这里利用 Illustrator 软件对启动图标参考线的绘制步骤进行示范。

绘制参考线，首先要进行网格显示，网格显示设置步骤如下：首先，进行首选项参数设置，设置参考线和网格；其次，显示网格；最后，对齐网格，对齐像素。具体操作如下。

（1）打开 AI 软件，在菜单栏中选择→"编辑"→"首选项"→"参考线和网格"命令，弹出图 4-26 所示窗口，设置网格线间隔 10 像素，次分隔线 10，勾选"显示像素网格"，如图 4-27 所示。

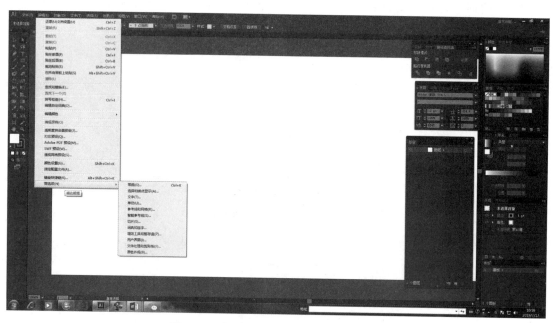

图 4-26　点击首选项下参考线和网格命令

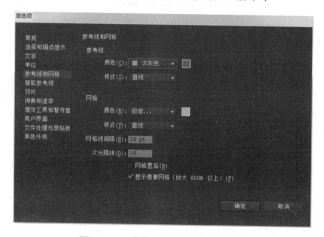

图 4-27　"参考线和网格"设置

（2）选择菜单栏中的"视图"→"显示网格"命令；或在画布框内右击，在快捷菜单中选择"显示网络"命令，或使用【Ctrl+"】组合键，均可显示出画布网格，如图4-28所示。

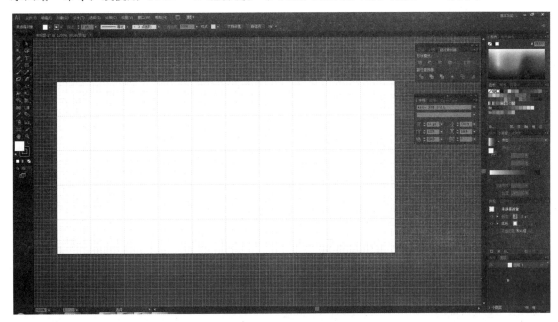

图4-28　画布网格

（3）选择"视图"菜单中的"对齐网络""对齐点"等命令，如图4-29所示。

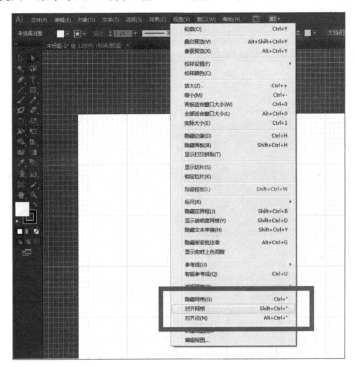

图4-29　"对齐网络""对齐点"命令

（4）绘制参考线。新建画布，一般新建 800×600 像素（dribbble 的展示尺寸），图标应小而精致，不宜建过大的画布。参考线是为了规范图标而存在，在此以 114×114 像素大小的图标为例，参考线绘制步骤如下。

① 首先绘制一个正方形，填充色为空，描边色为蓝色，大小为 114×114 像素。

② 再次绘制一个正方形作为安全框，填充色为空，描边色为红色，为避免开发图标时，图标紧贴边界，影响结构美观效果，需要为参考线添加安全框。以上一步绘制的蓝色边框为外框，则安全框的大小为 110×110 像素，图标绘制不要超过这个界线。

③ 以 110 像素为直径，绘制一个圆形，填充色为空，描边色为紫色。

④ 以安全框面积的 2/3 为标准，绘制两个长方形，它们的长和安全框的边长相同，所以将它们的宽设置为 70 像素，填充色为空，描边色为天蓝色；

⑤ 以两个长方形长和宽的中间值 90 像素为边长，绘制一个正方形，居中对齐，设置填充色为空，描边色为绿色；

以上线条粗细均为 0.25 像素，经过以上步骤，得到参考线如图 4-30 所示。

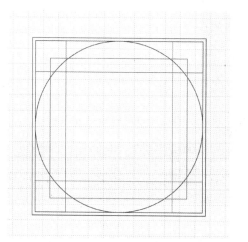

图 4-30　图标参考线

（5）建立参考线，建立参考线的步骤如下：

① 选中刚刚绘制的所有参考线。

② 右击，弹出快捷菜单，选择"建立参考线"命令，如图 4-31（a）所示。

③ 再次右击，选择"锁定参考线"命令，参考线就会固定不动，如图 4-31（b）所示。

（a）建立参考线

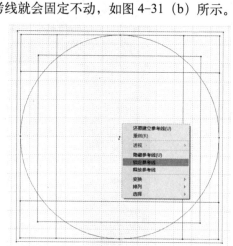

（b）锁定参考线

图 4-31　步骤（5）

④ 将参考线存储为模板。选择菜单栏中的"文件"→"存储为模板"命令，将所绘制好的图标参考线存储为模板，以后再绘制相同大小的图标时，直接从模板中新建文件即可。

立体风格图标设计

时下流行的 UI 图标设计风格中，平面风格图标无疑占据主导地位，但就长远来看，立体图标也很受欢迎，目前很多云计算行业的配图流行采用立体风格图标。立体风格图标细分可继续分为 3D 图标和 2.5D 图标，均是在平面软件上，通过一系列手段营造立体效果，为界面增添更多视觉感受。

任务4.2 友税 APP 图标设计

任务描述

图 4-33 所示为某公司手机 APP 立体启动图标的效果图。本任务将使用 Illustrator 软件，绘制该立体启动图标。

设计思路

图 4-32 所示图标是为税务 APP 所制作的启动图标，公司名称叫做"友税"，所以图标以公司名称的首字母"ys"为主要图案。为了制造立体效果，将"ys"设计得较为方正，通过倾斜等工具塑造图标的立体造型，通过渐变工具和渐变面板的设置，为图标添加立体效果。

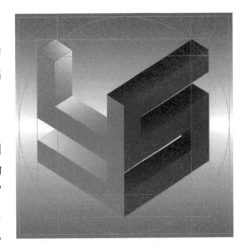

扫一扫

任务4.2
友税APP图标
设计

图 4-32 立体图标

任务实施

（1）新建一块画布，命名为"立体图标"，大小可根据自身需要确定，如图 4-33 所示。

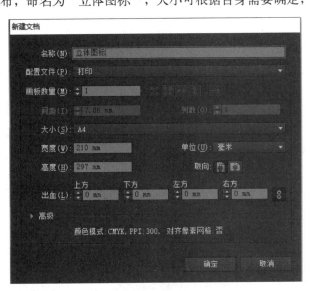

图 4-33 新建画布

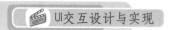

（2）在工具栏中选择"矩形网格工具"，创建网格，如图 4-34 所示。

（3）网格设置如图 4-35 所示。

图 4-34　矩形网格工具

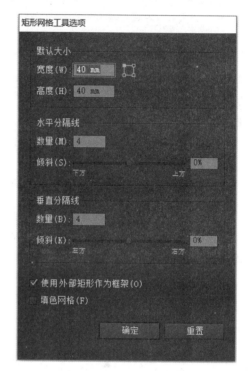

图 4-35　网格工具参数设置

（4）单击"确定"按钮，绘制一个 5*5 的网格，并用鼠标点击网格按住【Alt】键进行复制，如图 4-36 所示。

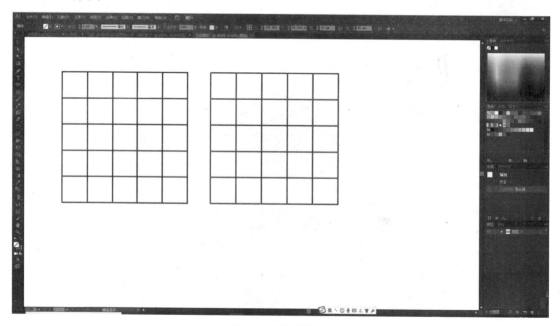

图 4-36　复制网格

（5）选中这两个网格，按【Ctrl+5】组合键，将网格转化为参考线，如图4-37所示。

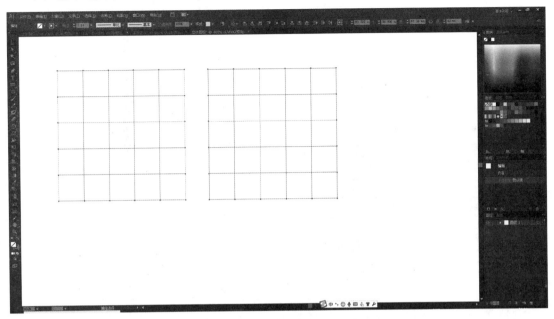

图4-37　转换为参考线

（6）根据自身需要，确定两个字母，并进行绘制。本案例选择"友税财务"中友税的首字母"ys"来进行图标绘制。

（7）选择工具栏中的"矩形"工具，沿着参考线绘制相应的字母，如图4-38所示。

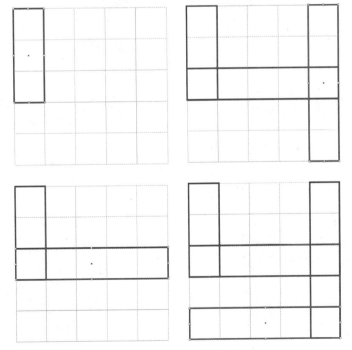

图4-38　字母形状绘制

（8）由于网格具有吸附功能，可以很快地绘制出图 4-39 所示的字母图形，该图形是由四个矩形形状组成。选中所有的矩形图形，按住【Ctrl+Shift+F9】组合键，调出"路径查找器"，如图 4-39 所示。

（9）将所有矩形图形进行"联集"操作，形成一个字母"y"的图形，如图 4-40 所示。

图 4-39　路经查找器

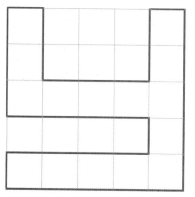

图 4-40　字母"y"图形

（10）为该字母图形填色，填充色为 #F7931E，描边色为无，如图 4-41 所示。

（11）在另外一个矩形网格内，用同样的方法绘制另外一个字母形状"s"，设置填充色为 #ED1C24，描边色为无，得到图 4-42 所示图形。

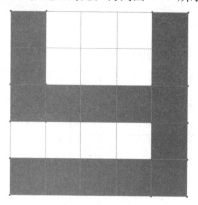

图 4-41　为图形填色

图 4-42　字母"s"形状

（12）接下来，图标制作进入立体图形效果创建。首先，选择多边形工具，按住【Shift】键，绘制一个正六边形，如图 4-43、图 4-44 所示。

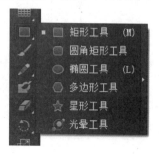

图 4-43　多边形工具

图 4-44　绘制六边形

（13）选择旋转工具 ⟳，将正六边形旋转30°，效果如图4-45所示。

（14）将正六边形的填充色设置为无，描边色设置为黑色，并按【Ctrl+5】组合键将正六边形设置为参考线，如图4-46所示。

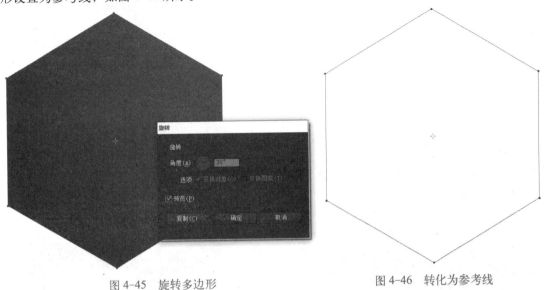

图4-45　旋转多边形　　　　　　　　　　　图4-46　转化为参考线

（15）利用直线工具 ⟋，沿着参考线的锚点绘制几根线条，并选中线条，按住【Ctrl+5】组合键，设置为参考线，效果如图4-47所示。

（16）将刚刚绘制的两个字母图形，按照图4-48所示的位置进行重新摆放，并利用定界框，将大小进行一定的缩放。

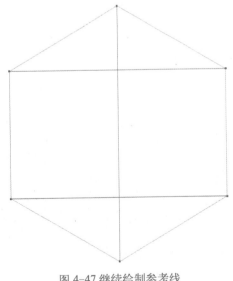

图4-47 继续绘制参考线

图4-48　对齐形状

（17）使用倾斜工具 ，选择其中字母图形"y"，双击工具栏倾斜工具，如图4-49所示。

（18）在弹出的"倾斜"对话框中，将轴设置为垂直，倾斜角度设置为30°，如图4-50所示，得到图4-51所示效果。

（19）移动字母图形"y"，使之与下方参考线对齐，如图4-52所示。

（20）使用同样的方法，将字母图形"s"也进行相同的设置，将倾斜角度设置为-30°，得到图4-53所示效果。

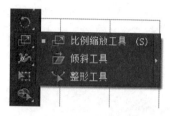

图4-49　倾斜工具

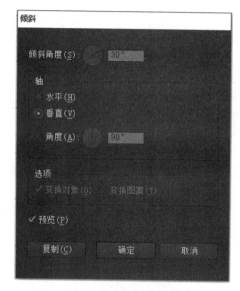

图4-50　倾斜角度设置

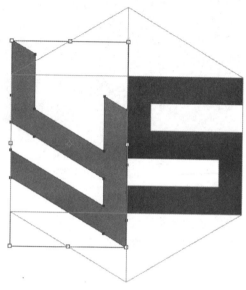

图4-51　倾斜效果

图4-52　对齐参考线

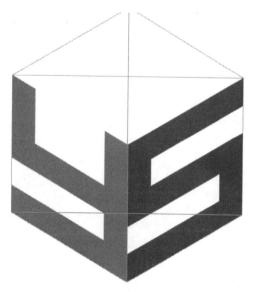

图4-53　形状对齐效果

（21）将图形"y"使用【Ctrl+c】、【Ctrl+v】组合键进行复制、粘贴，得到一个新的图形，并绘制一个新的矩形，如图4-54所示。

（22）选中两个图形，调出路径查找器，选择交集，得到一个新的形状，如图4-55所示。

（23）对新的形状右击，在快捷菜单中选择"变换"→"对称"命令，在弹出的"镜像"对话框中勾选"垂直"选项，单击"确定"按钮，完成垂直方向的对称，如图4-56所示。

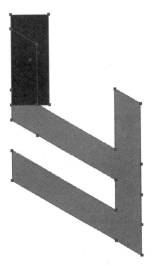

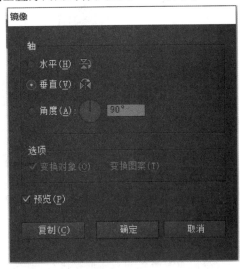

图4-54　绘制立体图形　　　图4-55　交集图形　　　　　图4-56　对称命令

（24）继续绘制图4-57所示的线条，选中线条，按【Ctrl+5】组合键转变为参考线。

（25）借助钢笔工具，沿着参考线和相应交点，绘制立体图形线条，如图4-58所示。

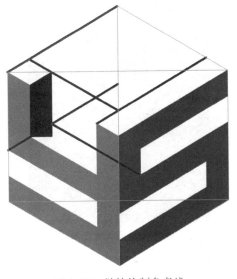

图4-57　继续绘制参考线　　　　　　图4-58　图形形状完善

（26）同理，使用相同的方法，对图形"s"补齐立体图形形状，如图4-59所示。

图 4-59　图形形状完善

（27）为所填充的立体形状进行调色，使用渐变色营造出立体高光效果。字母"y"形状图形处立体图形填充的渐变颜色为#F7931E到白色的线性渐变，渐变角度可根据实际情况进行设置，如图 4-60 所示。

（28）字母"s"形状处立体图形颜色渐变为#ED1C24到黑色，渐变角度可根据实际情况进行设置，如图 4-61 所示。

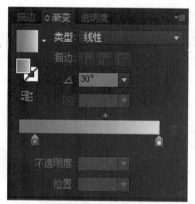

图 4-60　渐变色设置参考（1）

图 4-61　渐变色设置参考（2）

（29）得到立体效果如图 4-62 所示。

（30）从之前保存的参考线模板中新建文件，将刚绘制好的效果图按住【Ctrl+G】组合键进行编组，编组成功后将组对象复制到带有参考线的文件中，通过定界框进行缩放，调整适当的图形大小，效果如图 4-63 所示。

图 4-62　立体效果图

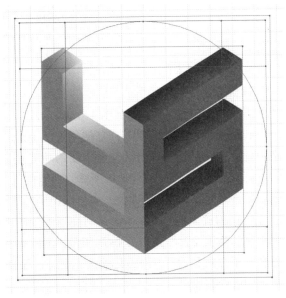

图 4-63　进行大小缩放

（31）绘制一个正方形矩形作为背景，进行渐变填充，填充色如图 4-64 所示。

（32）将绘制的矩形按【Ctrl+Shift+[】组合键，调整至图层面板的最底层，作为背景，调整大小进行适配，得到的最终结果如图 4-65 所示。

图 4-64　背景色设置

图 4-65　最终效果图

（33）将图片进行导出设置，得到相应的图标图片。

拓展任务

图 4-66 所示是一个立体风格的图标。请同学们使用 Illustrator 软件，使用适当工具，绘制该立体图标。

图4-66　绘制立体图标

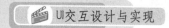

知　识　库

形状编辑工具

倾斜工具是工具栏众多工具中的一种，在这里介绍一下倾斜工具以及同一个工具按钮下的比例缩放工具和整形工具。如图4-67所示。

比例缩放工具和倾斜工具在使用方法上比较类似。首先选中需要修改的图形，再调整至需要的功能按钮，双击，即可打开功能设置界面，或者选中所需的功能按钮，按住【Alt】键，单击需要修改的图形对象，也可以调出功能设置界面。

图4-67　倾斜工具按钮栏

比例缩放工具的主要功能是对图形对象的大小进行放大和缩小，功能设置界面如图4-68所示。比例缩放可以进行等比缩放，也可以解除比例限制，单独在水平方向和垂直方向进行缩放，同时，如果图形对象有描边或其他效果，可以将描边和效果一同进行缩放。

倾斜工具是对选中的图形对象进行倾斜操作，设置面板如图4-69所示。倾斜工具设置面板上方参数是指所需倾斜的角度；面板中间部分轴参数是指在什么轴向的基础上进行倾斜，默认设置有水平和垂直两个方向，如果有特殊需要，可以自己设置其他的倾斜基础角度。设置完成后单击"确定"按钮即可完成倾斜效果。

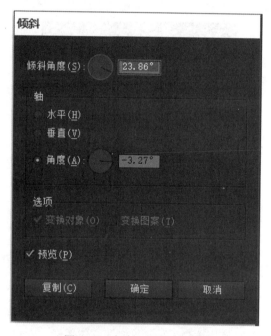

图 4-68　比例缩放工具设置面板　　　　　图 4-69　倾斜工具设置面板

整形工具相较于上述两个工具按钮，在使用方法上有所不同。首先需要选中将要整形的对象，单击整形工具，鼠标指针变成一个白色四边形箭头。当指针移动到选中图形的路径上时，箭头下方将会多出一个小圆圈。此时单击即可在路径上添加锚点，再使用直接选择工具就可以对锚点进行移动编辑。或者在一条开放的路径上，选择整形工具添加锚点后，单击锚点拖动即可移动锚点位置，达到改变形状的效果。整形工具的功能类似于钢笔工具。

线性风格图标设计

标签栏往往在APP屏幕底部，以水平排列形式出现，告诉用户当前所在位置，提供了在APP不同界面间快速切换的功能。一般界面中经常使用的功能就会放在这个位置。一个好的标签栏设计应该是用户在没有任何外界指引的情况下，仅靠第一眼就能知道该如何操作。因此在设计时应该使用合适的视觉元素和交互方式，直观地告诉用户，而不必有任何多余的解释，这也就是我们常说的用户体验。底部标签栏图标分为线性、剪影、微交互（微动画）三类。线性和剪影是最为常见的，它们各自又有很多不同的设计类型。

线性图标也是目前使用较多的图标风格，线性图标可以根据线条风格细分为圆角图标、直角图标、断点图标、高光式图标、不透明图标、一笔画图标、情感化图标、线面结合图标。图4-70所示为线性图标的展示。

图4-70 线性图标

任务4.3 设计标签栏图标

任务描述

线性图标适用于标签栏、导航栏的图标制作，图4-70所示为红色之旅APP界面中的线性标签栏图标。本任务利用Illustrator软件绘制标签栏图标，针对线性图标的设计，主要考察读者对于Illustrator中线性工具、钢笔工具的使用，以及对描边面板的了解情况。掌握以上工具的使用方法，将会很容易地绘制出图4-71所示的图标。

扫一扫

任务4.3
设计标签栏
图标

首页　　行程　　定制　　游记　　我的

图4-71 线性标签栏图标

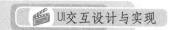

设计思路

标签栏图标需要简单直观，适合使用线性图标进行制作。在 Illustrator 中，设计线性图标可以使用多个设计工具，比如钢笔工具、矩形工具、直线工具等。此外，在设计线性图标中，设计者还需要根据图标的功能，寻找合适的形象化图形。

任务实施

以最为复杂的行程图标为例，是一个火车形状的拟物化的图标，绘制步骤如下。

（1）绘制一个圆角正方形，边长为 23 像素，圆角为 2 像素，填充色设置为空，描边色设置为红色，如图 4-72 所示。

（2）再次绘制一个圆角矩形，宽度为 20 像素，高度为 10 像素，圆角为 3 像素，调整两个圆角矩形的位置，如图 4-73 所示。

图 4-72　圆角矩形

图 4-73　圆角矩形2

（3）拖出两条竖直方向的参考线，分别与内侧矩形的外边缘对齐。绘制两个圆形，分别和两条参考线对齐，效果如图 4-74 所示。

（4）拖出两条水平方向的参考线，分别和两个圆形上下端对齐，绘制三条横线，分布居中于两个圆形中间，效果如图 4-75 所示。

图 4-74　火车头雏形1

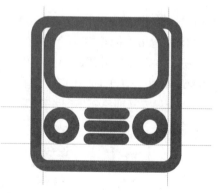
图 4-75　火车头雏形2

（5）绘制轨道，首先利用直线工具绘制一条直线，并将这条直线进行复制，右击直线，在快捷菜单中选择"变换"→"对称"命令，在弹出的"镜像"对话框中选择"垂直"，得到两条镜像对称的直线，移动直线位置，得到图4-76所示形状。

（6）绘制三条横线，作为铁轨，如图4-77所示。

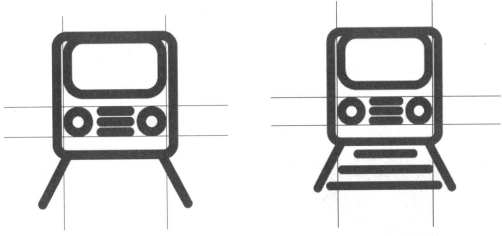

图4-76　火车头雏形3　　　　　　　　图4-77　火车与铁轨

（7）注意事项。所有线条的描边粗细均统一为1.8 pt，描边详细设置如图4-78所示。

（8）为图标加上文字，使用文本工具，在图标下方创建文本框，并写上"行程"，字体设置为微软雅黑，大小为12 pt即可，最终效果如图4-79所示。

图4-78　描边设置情况

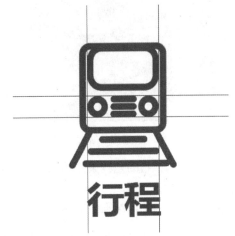

图4-79　标签栏图标

拓展任务

根据以上标签图标的绘制流程，请对照图4-71中的标签图标效果，使用Illustrator工具绘制一套完整的标签栏图标。

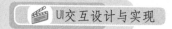

知 识 库

描边面板

对于矢量图形而言，最显著的特征就是所有的图形均有填充和描边选项。对于描边，Illustrator 提供了单独的描边面板供设计者来进行设计。图 4-80 所示为描边设置面板。

粗细：该属性是设置描边的粗细宽窄，数值越大，描边越粗。可在文本框中直接输入描边的准确数值，也可以通过下拉菜单选择合适的粗细数值。

端点：该属性决定线条端点类型，共有平头端点、圆头端点、方头端点三种，区别如图 4-81 所示。

图 4-80   "描边"设置面板

图 4-81   端点的三种类型

边角：该属性指的是线条连接的拐角，有斜接连接、圆角连接、斜角连接三种，具体效果如图 4-82 所示。

对齐描边：由于描边是一条线，线是不存在宽度的，但是矢量图形中，为了表现出线条，就需要给线条设置一个宽度。该属性是设置延展描边相对于原来描边的位置问题，描边类型共有三种，分别是居中对齐、内侧对齐和外侧对齐。具体效果如图 4-83 所示。

斜接连接　　　圆角连接　　　斜角连接　　　居中对齐　　　内侧对齐　　　外侧对齐

图 4-82   边角的三种类型

图 4-83   描边对齐的三种类型

虚线：勾选该选项，可以绘制虚线的描边效果。在下面的文本框中，可以设置虚线和间隙的大小，输入不同的数值，可以得到不同的虚线效果，如图 4-84 所示。

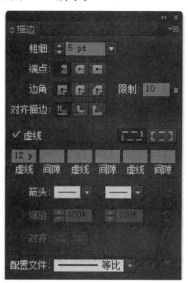

图 4-84　虚线效果

箭头：可以设置路径两端端点的样式，包括各种箭头的形状等。面板下方的"缩放"选项可以改变箭头的大小。

功能导航图标设计

功能导航是页面结构和界面设计的重要部分，它可以结构化产品内容和功能、突出核心功能、扁平化用户任务路径。下面举一些案例浅谈一下常见的导航形式和一些导航设计的技巧。图 4-85 所示是美团 APP 首页 banner 下的美食、电影/演出、酒店住宿等入口。它们以图标加文字说明的形式呈现，这种排布能够节省屏幕空间，在有限的空间就能排下四个甚至是八个功能入口。

图 4-85　美团APP UI界面

任务 4.4　红色之旅功能导航图标设计

任务描述

图 4-86 所示图标是某旅游 APP 的 UI 功能导航图标。该图标在设计过程中，以西安古城楼为原型，通过简单的线条勾勒，对原型进行意化，得到一个抽象的图形，加上适合的背景颜色，形成功能导航图标。

设计思路

基于红色之旅的设计主题，功能图标中应当体现红色之旅的主要元素。设计者首先确定红色到橘红色的渐变色作为图标的背景色，凸显红色主题。其次，将具有标志性红色旅游特征的景点进行形象化处理。本案例将西安古城楼进行意象化处理，使用钢笔工具等进行线条勾勒，突出旅游元素。

重点旅游景区

图 4-86　重点红色旅游景区

任务实施

（1）打开 Illustrator 软件，新建一块画布，利用圆形工具创建一个圆形，大小设置为 48 像素，利用渐变色填充，使用线性渐变，角度设置为 90°，渐变颜色分别为 RGB：237,28,36 和 RGB：239,12,15，得到图 4-87、图 4-88 所示形状作为背景图片。

图 4-87　图标背景

图 4-88　渐变设置

（2）绘制一根水平线条作为地平面，线条使用白色描边，描边粗细设置为 2 像素，如图 4-89 所示。为了保证图标线条整体性，线条描边均设为 2 像素。

（3）绘制一个长方形，大小可自行设置，并记住数值。再绘制一个圆形，直径等于刚刚绘制的长方形的宽，选中两个形状，进行对象间居中对齐，并调整位置关系，形成城门门洞形状。选中两个形状，从窗口中调出路径查找器，选择"联集"命令，使其变为一个形状，如图 4-90 所示。

图 4-89　线条绘制

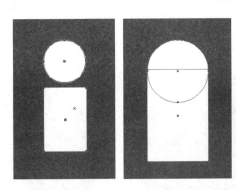 

图 4-90　门洞的绘制

（4）复制四个形状相同的门洞，将大小缩小到略小于第一个绘制的门洞，将五个门洞对齐下方直线，进行水平居中分布，如图 4-91 所示。

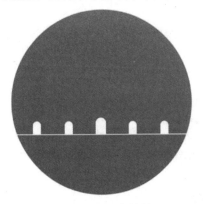 

（a）门洞分布效果　　　　　　　　　　（b）水平居中分布

图 4-91　步骤（4）

（5）绘制一个矩形，白色描边，无填充，并复制一个矩形，进行缩小，两个矩形进行对齐操作。将外部矩形左下方锚点断开，将横线调整位置，得到城墙墙头形状，并将形状进行编组，复制多个，完成城墙墙头效果，效果如图 4-92 所示。

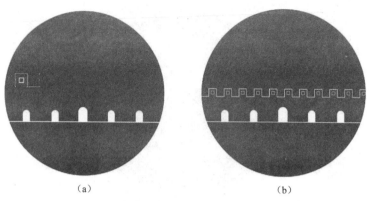

图 4-92　城墙墙头效果

（6）继续绘制一个矩形，使用直接选择工具，移动下方两个锚点，形成一个等腰梯形。将等腰梯形进行复制、粘贴，两个等腰梯形进行居中对齐，上下叠加，如图 4-93 所示。

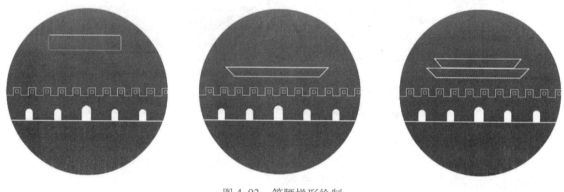

图 4-93　等腰梯形绘制

（7）绘制一条竖直直线，并复制 5 条，调整位置，进行水平居中分布，作为城门建筑的立柱，效果如图 4-94 所示。

图 4-94　立柱效果绘制

（8）再次复制第（6）步绘制的等腰梯形，右击，在快捷菜单中选择"变换"→"对称"命令，在弹出的"镜像"对话框中选择"水平"，并调整大小，如图 4-95、图 4-96 所示。

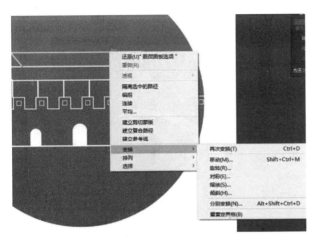

图 4-95　复制等腰矩形，并水平对称变换

图 4-96　移动效果

（9）利用多边形工具绘制两个三角形，即分布在最上端等腰梯形的两个顶角。选中两个三角形和最上方的等腰梯形，进行"联集"操作，效果如图 4-97 所示。

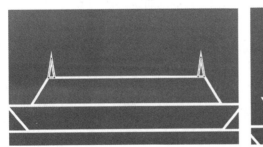
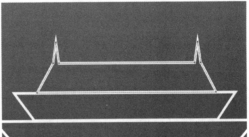

图 4-97　制作尖角效果

（10）最后，在下方添加文字"重点旅游景区"，得到重点旅游景区完整图标效果，如图 4-98 所示。

拓展任务

本任务设计了重点旅游景区功能导航图标，依照线面图标的设计风格，请继续设计风格类似，功能不同的其他功能导航图标。具体可参考图 4-99 所示的精品旅游路线功能图标。

重点旅游景区

图 4-98　重点旅游景区功能图标

精品旅游路线

图 4-99　精品旅游路线功能图标

知 识 库

路径查找器

　　路径查找器是 Illustrator 中最常用的功能之一，是针对两个或两个以上的图形进行相互之间的运算。路径查找器面板如图 4-100 所示。

　　形状模式有四种计算模式，联集、减去顶层、交集和差集，这四种模式较好理解，分别是取两个图形的相加、相减、相交或不相交的部分。

　　在路径查找器模式下，有六种模式。

　　（1）分割：将叠加的图形对象选中，单击"路径查找器"面板中的"分割"按钮，可以将图形全部分割，分割的图形带描边。取消编组，移动图形，效果如图 4-101 所示。

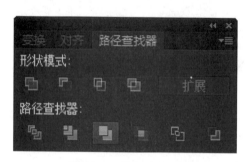

图 4-100　路径查找器

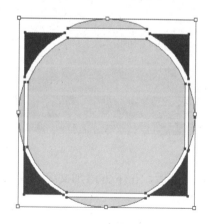

图 4-101　分割效果

　　（2）修边：将叠加的图形对象选中，单击"路径查找器"面板中的"修边"按钮，可以将可视的图形部分分割，分割的图形不带描边，移动图形，前后效果如图 4-102 所示。

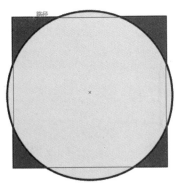

图 4-102 修边效果

（3）合并：将多个图形对象选中，单击"路径查找器"面板中的"合并"按钮，可将选中的图形编成一组，并且不会修改各个图形对象的颜色。

裁剪：将叠加的图形对象选中，单击"路径查找器"面板中的"裁剪"按钮，可以将顶层的图形与下层重叠部分图形分割，不带描边，效果如图 4-103 所示。

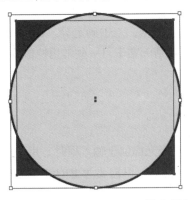

图 4-103 裁剪效果

（4）轮廓：将叠加的图形对象选中，单击"路径查找器"面板中的"轮廓"按钮，可以将除描边外的图形减去，效果如图 4-104 所示。

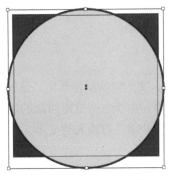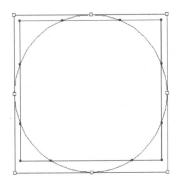

图 4-104 轮廓效果

（5）减去后方对象：将叠加的图形对象选中，单击"路径查找器"面板中的"减去后方对象"按钮，可以将顶层图形后方的包括重叠的图形全部减去，效果与减去顶层相反，如图 4-105 所示。

图 4-105　减去后方对象效果

控件图标设计

控件是 UI 设计中的重要部分，主要功能有输入数据、点击确定等。UI 设计中，常用的控件有滑块、按钮、输入文本框、进度条等，本任务将带大家学习一些常用控件的绘制方法。

任务 4.5　输入文本框设计

扫一扫

任务4.5
输入文本框
设计

任务描述

图 4-106 所示为 UI 界面中常见的输入文本框。当光标位于输入框时，用户可以在其中输入或复制粘贴文本、数字等内容。输入框虽然看上去简单，但需要考虑的细节也不少，本任务将介绍输入框的相关组成部分和制作的注意事项。

Input here...

图 4-106　输入文本框

设计思路

利用 Illustrator 软件，绘制输入文本框控件。输入文本框的制作其实只是一个简单的带有描边的图形，本任务通过对图形的描边做渐变色的处理，用颜色营造出凹陷的质感。此外，内容提示的字体通过字体颜色、透明度、倾斜等手段进行处理，与输入的文本字体要有所区分，方便实际使用的时候，用户能够正确识别。

任务实施

分析该图标，其立体效果主要是由其边框的颜色产生的凹陷效果。

（1）创建一个圆角矩形，将描边色设置为无，如图 4-107 所示。

图 4-107　圆角矩形

（2）选择圆角矩形，将填充色设置为渐变色，渐变色设置如图 4-108 所示。

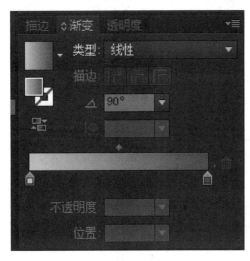

图 4-108　渐变色设置

（3）将所绘制的圆角矩形按住【Ctrl+C】组合键、【Ctrl+F】组合键进行复制粘贴，得到两个圆角矩形。

（4）将复制的圆角矩形填充色设置为灰色（#EEEFEF），并按住【Alt】键进行等比缩放，效果如图 4-109 所示。

图 4-109　圆角矩形的缩放

（5）此时，立体的输入文本框已经制作完成，接下来完成文本框内的字体设置。使用文本工具，输入文本"Input here…"，如图 4-110 所示。

图 4-110　文本工具

（6）此时，按住【Ctrl+T】组合键调出字符设置面板，如图 4-111 所示。

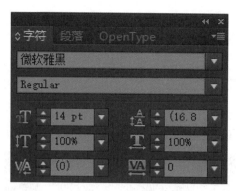

图 4-111　字符设置面板

（7）根据需要，设置字体大小，字符间距等参数，效果如图 4-112 所示。

Input here...

图 4-112　设置字符参数

（8）为了让字体形成可编辑状态，调整字体颜色或透明度。下图是将字体透明度设置为 30% 的效果，如图 4-113 所示。

Input here...

图 4-113　修改字体透明度

（9）选中该文本对象，在工具栏中选择倾斜工具 ，在文本对象上方按住鼠标左键，向右拖动，制作字体的倾斜效果，如图 4-114 所示。

Input here...

图 4-114　字体倾斜效果

（10）至此，输入文本框案例制作完成。

拓展任务

　　根据上述任务中的 UI 控件图标的绘制流程，请读者对照图 4-115，使用 Illustrator 软件绘制输入文本框的控件图标。

图 4-115　UI控件图标

知 识 库

字符面板设置

Illustrator 作为一款图形编辑软件，对于字符的编辑同样不逊色。Illustrator 提供字符面板，可以对字体、字号、字间距等参数进行设置，从而满足不同的字符排版需要。在编辑时，按快捷键【Ctrl+T】组合键就可以快速调出字符面板，如图 4-116 所示。该面板中可以针对文字的字体、字号、行间距、垂直和水平缩放、字符间距进行设置。若对文字排版有更高的要求，可以用鼠标单击面板右上方的下拉按钮，在菜单中选择"显示"选项，调出完整的"字符"编辑面板，如图 4-117 所示。

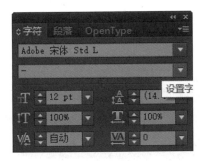

图 4-116　"字符"面板

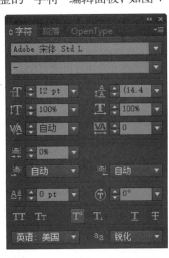

图 4-117　完整"字符"面板

任务 4.6　滑块图标的设计

任务描述

用户在进行参数设置或上下浏览时，经常会用到滑块控件。本任务将学习滑块控件的设计方法。

图 4-118 是 UI 界面中常见的滑块图标，主要由三个部分组成：滑动条，通常用一条较为醒目的色带表示，用于标识滑块在不同值点所带来的变化；滑动轨迹，表示滑块可滑动的最大距离；滑动块，通常由一个较醒目的方块或圆形块表示，用于标识在滑动条上的位置。本任务将讲解滑块图标的设计步骤。

扫一扫

任务4.6
滑块图标的
设计

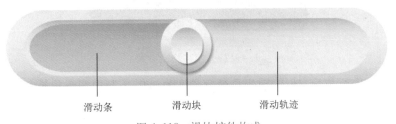

滑动条　　　　滑动块　　　　滑动轨迹

图 4-118　滑块控件构成

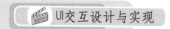

设计思路

滑块控件也是APP界面设计中常见的控件图标。分析滑块图标的组成部分，主要有三个部分，最重要的就是滑动块，其次是滑动的轨迹条，为了区分滑动的方向，可将滑动过的部分进行突出表示，以便和未滑动的部分进行区分。本例主要是通过渐变色的方式突出滑块控件的立体感。

任务实施

（1）新建空白Illustrator画布，800×600像素，利用矩形工具绘制一个400×80像素的矩形，使用渐变色填充，描边色设置为空，如图4-119所示。

图4-119　渐变色填充的矩形

（2）在菜单栏中选择"效果"→"风格化"→"圆角"命令，设置圆角半径为40 px，得到图4-120所示的圆角长方形形状。

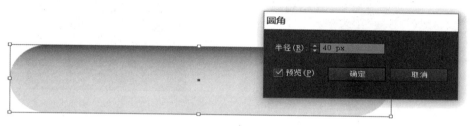

图4-120　圆角长方形形状

（3）在菜单栏中选择"对象"→"路径"→"偏移路径"命令，设置参数如图4-121所示，得到两个形状相同的圆角长方形，如图4-122所示。

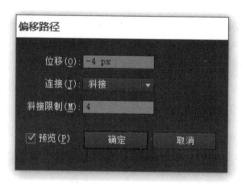

图4-121　偏移路径设置

（4）设置外侧的圆角长方形的渐变色渐变角度为-90°，与内侧圆角长方形的渐变角度呈180°对角，并按住【Alt】键，对称调整内侧圆角长方形的大小，得到图4-123所示形状。

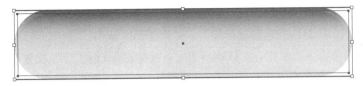

图 4-122　形状相同的圆角长方形

（5）使用渐变填充绘制一个圆形，将渐变角度设置为 -90°，得到图 4-124 所示形状。

图 4-123　调整后的圆角长方形

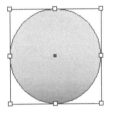

图 4-124　渐变圆形

（6）将圆形进行复制，并按【Ctrl+F】组合键粘贴在相同位置，按住【Alt】键稍微进行放大，使用黑色渐变进行径向填充，如图 4-125、图 4-126 所示。

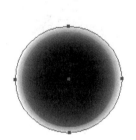

图 4-125　黑色径向渐变

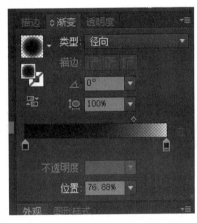

图 4-126　渐变填充设置

（7）选中黑色渐变圆形，在菜单栏中选择"效果"→"风格化"→"羽化"命令，设置羽化半径为 3 px，如图 4-127 所示。

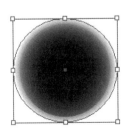

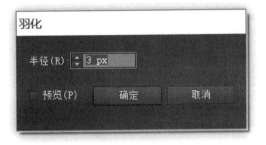

图 4-127　羽化效果

（8）将黑色渐变圆形置于之前绘制圆形的下方，并进行位置的微调，作为滑块的阴影效果，并将两个图形使用【Ctrl+G】组合键进行编组，如图4-128所示。

（9）将刚编组的滑块再次复制，按【Ctrl+F】组合键粘贴在原来位置，按住【Alt】键进行缩放，将内侧线性渐变的圆形渐变角度设置为90°，得到完整的滑块效果，如图4-129所示。

图4-128　带有阴影效果滑块

图4-129　滑块效果

（10）将刚刚绘制的圆角长方形中的内侧圆角长方形进行复制，按【Ctrl+F】组合键粘贴在原来位置，并对形状进行细微缩放，更换填充颜色，设置为蓝色渐变，如图4-130、图4-131所示。

图4-130　效果形状

图4-131　渐变设置

（11）将刚绘制好的滑块进行编组，形成一个对象，并放置到圆角长方形上方，适当调整大小，如图4-132所示。

图4-132　移动滑块至合适位置

（12）将蓝色渐变的圆角长方形右侧进行缩进，长度缩小至圆形滑块左侧，效果如图4-133所示。

图4-133　滑块效果图

拓展任务

根据上面任务中的 UI 控件图标的绘制流程，对照图 4-134，使用 Illustrator 软件绘制相同的控件图标。

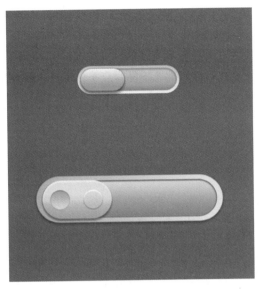

图 4-134　滑块图标

知　识　库

渐变面板设置

很多图标的立体效果均是通过颜色渐变营造的。Illustrator 可以通过渐变面板进行渐变色的设置，如图 4-135 所示。在 Illustrator 中，既可以对填充色设置渐变色，也可以对描边设置渐变色。

面板上的渐变类型主要是对填充色的渐变进行设置，提供了两种类型，线性渐变和径向渐变。对于描边的渐变，面板也提供了三种渐变的类型，在描边中应用渐变、沿描边应用渐变、跨描边应用渐变，不同的渐变类型可以带来不同的渐变效果。此外，若对渐变效果不满意，可以自行调整渐变的颜色、渐变角度，径向渐变时还可以调整渐变的长宽比。基本满足设计者对渐变色的不同需求。

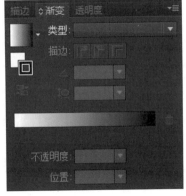

图 4-135　渐变面板

单元总结

　　本单元通过六个任务介绍了 UI 界面设计过程中常见的图标案例，完成了各种功能、各种风格图标的制作过程，对图标效果实现的知识点进行了阐述。相较于 Photoshop 等 UI 设计软件，Illustrator 在使用上存在较多相似之处，但其优势主要体现在图像编辑的无损性，这是由其矢量编辑软件的本质所决定的。在 Illustrator 中，不同图层、不同对象之间不会相互干扰、相互污染，且大部分的操作是可逆的，这为图标的后期修改，调整尺寸等操作带来极大的方便。熟练掌握 Illustrator 软件能够帮助设计者在不同的情况下得心应手地设计出符合用户要求的图标。

单元5
UI界面设计

单元导读

　　UI界面设计并不是把各种信息堆积平铺，而是要通过各种设计技巧将信息表达清晰，目的是给用户提供一种布局合理，视觉效果突出，功能强大，使用便捷的界面。根据所应用的终端设备不同可以大致分为3类：PC端UI设计、移动端UI设计、其他终端UI设计。其中，PC端UI设计主要指用户计算机界面设计，包括系统界面设计、软件界面设计、网站界面设计；移动端UI设计主要是移动互联终端，包括手机、智能手表、PDA、MP4等；其他终端UI设计主要是指当今市场中包括的车载系统，ATM机等需要用到UI界面的设计。根据不同终端需要参考不同的尺寸要求进行设计，而本单元主要以徜徉红途APP界面的设计为例进行讲解。

单元要点

➢制作"引导页"页面；
➢制作"首页"页面；
➢制作"行程"页面；
➢制作"定制"页面。

制作"引导页"页面

　　当APP启动页面加载完成后，通常会看到几张连续展示、设计精美、风格统一的页面，这就是引导页。在未使用产品前，通过引导页可提前了解产品的主要功能和特点，并给用户留下深刻的印象。根据引导页的目的，出发点不同，可以将其划分为功能介绍类、使用说明类、推广类、问题解决类。一般引导页的数量为3～5页。

任务 5.1　制作徜徉红途 APP 引导页 1

任务描述

设计一个徜徉红途 APP 的引导页，要求推广徜徉红途 APP 的作用，特别强调红色旅游，

● 扫一扫

任务5.1
制作徜徉红途
APP引导页1

整个页面的色调凸显出红色旅游的主题。效果如图 5-1 所示。

设计思路

引导页 1，采用扁平化风格设计图标，色彩采用红色主基调，与红色旅游主题相呼应，图标内容可识别性强，页面元素主要包括文字和图片，配合主题，提取简练的语言"踏访革命故土　重启红色记忆"来呼应红色旅游的主题，字体排列尽量和其他引导页保持统一风格。

任务实施

（1）打开 Photoshop CC 软件菜单栏，选择"文件"→"新建"命令，在弹出的"新建"对话框中将名称改为"引导页 1"，设置文件"宽度"为 750 像素，"高度"为 1334 像素，"分辨率"为 72 像素/英寸，"颜色模式"为 RGB 颜色，单击"确定"按钮，新建一个空白画布，如图 5-2 所示。

图 5-1　引导页1效果图

（2）按【Ctrl+J】组合键，对背景图层进行复制，出现"背景拷贝图层"，将前景色设置为 #f8f9d5，按【Alt+Delete】组合键将"前景色"填充到"背景拷贝图层"，并将此图层的"不透明度"设置为 80%，效果如图 5-3 所示。

图 5-2　新建文件　　　　　　　　　图 5-3　设置背景色和不透明度效果

（3）按【Ctrl+R】组合键打开界面标尺，在标尺的位置右击，将单位设置为"像素"。按住鼠标左键从标尺位置拖出两条横向标尺线，分别定位在 1 000 像素和 950 像素的位置，如图 5-4 所示。

（4）在工具栏中选择椭圆工具 ，设置填充颜色为红色（#f34a3f），描边为"无"，宽度为 1 382 像素，高度为 472 像素，创建椭圆并移动到与第二条坐标线相切的位置，如图 5-5 所示。

（5）选择钢笔工具，选择增加锚点添加锚点，选择转换锚点工具，结合直接选择工具将椭圆上边缘最高点调整到第一条坐标线的位置，效果如图 5-6 所示。

（6）在自定义形状工具中选择"火焰"，并设置填充颜色为浅红色（#f34a40），描边颜色为深红色（#ff112d），描边大小为10点，画出图5-7（a）所示图形，并将图层命名为"火焰"，如图5-7（b）所示。

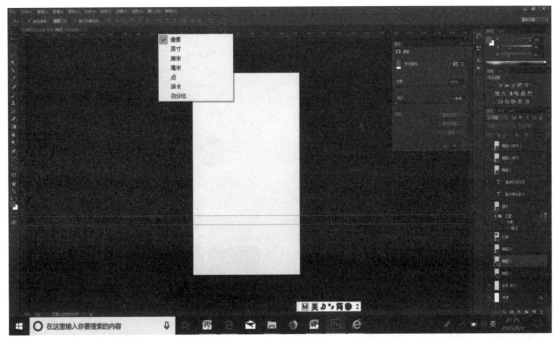

图5-4 定位标尺线

（7）在自定义形状工具 中选择"箭头19" ，在火焰左边的位置画出一个箭头，设置前景色颜色值为#ff112d，并按【Alt+Delete】组合键将前景色填充到箭头，再按【Ctrl+T】组合键进行自由变换，按【Ctrl】键可以拖动锚点进行变形，变得细长一点，并将形状图层命名为"左箭头"。单击图层下方的添加图层样式 按钮，添加描边，大小为6点，颜色值为#f4ed21，具体参数如图5-8所示，图像效果如图5-9所示。

（8）选中"左箭头"图层并复制，将图层"左箭头拷贝"重命名为"右箭头"，按【Ctrl+T】组合键，右击"右箭头"，选择"水平翻转"命令，如图5-10所示，并移动"右箭头"，效果如图5-11所示。

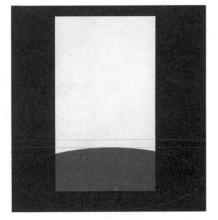

图5-5 画红色椭圆

（9）选择菜单栏中的"视图"→"新建参考线"命令，建立两条"水平方向"分别固定在150像素和222像素的位置，选择直排文字工具 ，设置为宋体，大小为72点，颜色值为#f25454，以两条标尺线为顶端，输入文字"踏访革命故土 重启红色记忆"，效果如图5-12（a）所示，图层如图5-12（b）所示。

（10）选择菜单栏中的"视图"→"新建参考线"命令，建立一条"水平方向"固定在1 115像素的位置。用同样的方法，建立3条纵向标尺线，分别固定在250像素、350像素、450

像素的位置，选择椭圆工具，设置填充颜色值为#ffffff，描边为无，宽度为35像素，高度为35像素，画出一个圆点，并复制2次，分别移动到图5-13（a）所示位置，图层效果如图5-13（b）所示。

（11）将"椭圆2拷贝""椭圆2拷贝2"两个图层的不透明度设置为60%，3个圆点在页面下方，作为界面指示器，显示引导页的先后顺序，效果如图5-14所示。

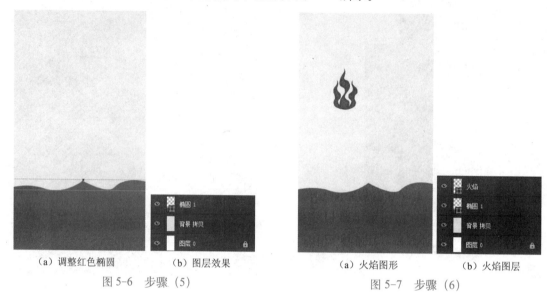

| （a）调整红色椭圆 | （b）图层效果 | | （a）火焰图形 | （b）火焰图层 |

图5-6　步骤（5）　　　　　　　　　　　图5-7　步骤（6）

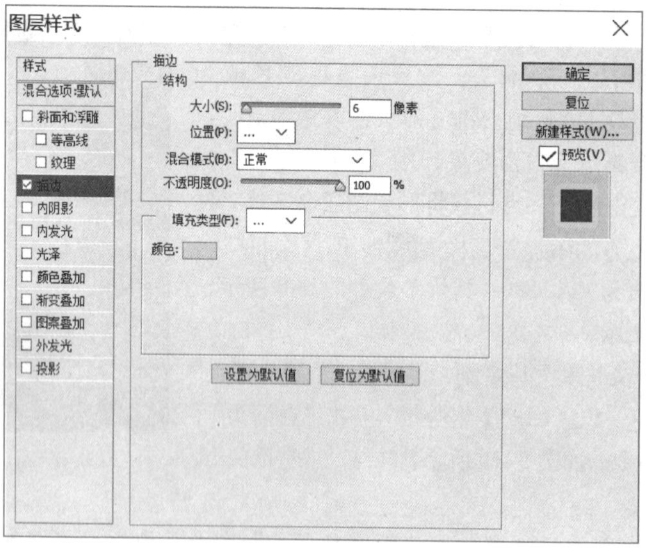

图5-8　左箭头描边参数

（12）选择"视图"→"清除参考线"命令，作品即完成，如图5-15所示。

拓展任务

制作案例引导页1页面，如图5-16所示。

图 5-9　左箭头效果

图 5-10　右箭头水平翻转

图 5-11　移动右箭头效果

（a）输入文字后效果

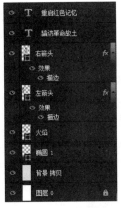

（b）图层效果

图 5-12　步骤（9）

（a）界面指示器

（b）界面指示器图层

图 5-13　步骤（10）

图 5-14　设置指示器不透明度

图 5-15　最终效果图

图 5-16　案例引导页1

任务 5.2 　制作徜徉红途 APP 引导页 2

整个引导页的设计风格要具有一致性，都为了突出徜徉红途的主题，而引导页 2 的作用，就是描绘出红色旅游可以净化心灵，珍惜来之不易的和平。

任务描述

与引导页 1 的设计风格统一，将"步入红色征途　走进心灵圣地"作为引导页 2 的广告语，主要色调不变，页面结构也与引导页 1 保持一致。总体设计效果如图 5-17 所示。

设计思路

引导页 2，色彩依然采用红色主基调，提取"步入红色征途　走进心灵圣地"这一脍炙人口的语句，字体排列与其他引导页保持统一风格。页面元素中的图片，配合主题选择白鸽来表达珍惜来之不易的和平岁月的情感。

任务实施

（1）新建文件并命名为"引导页 2.psd"，文件尺寸大小为：750×1 334 像素。打开"引导页 1.psd"文件，选中并复制图 5-18 所示图层，将复制的图层粘贴到新建文件引导页 2，效果如图 5-19 所示。

图 5-17　引导页2效果图

图 5-18　复制图层

图 5-19　复制图层效果

（2）利用钢笔工具的转换点工具 和删除锚点工具 ，将页面底部形状修改为图 5-20 所示效果。

（3）将文字"踏访革命故土　重启红色记忆"修改为"步入红色征途　走进心灵圣地"，字体样式、颜色、大小均和引导页 1 中设置相同，将图层"椭圆 2"的不透明度设为 60%，将图层"椭圆 2 拷贝"的不透明度设为 100%，用界面指示器显示当前引导页的顺序，如图 5-21 所示。

（4）在自定义形状工具 中找到"学校"名称形状 ，并填充颜色值为 #f21e1e，绘制并旋转到图 5-22（a）所示位置，并将图层名称改为"人"，如图 5-22（b）所示。

（5）打开素材中的"鸽子.psd"文件，将"图层1"的鸽子复制到"引导页2.psd"，并将图层命名为"鸽子1"，再复制3次，分别命名为"鸽子2""鸽子3""鸽子4"，选中以上4个图层，新建一个文件夹，并命名为"鸽子"，然后调整图形的大小和位置，如图5-23（a）所示。

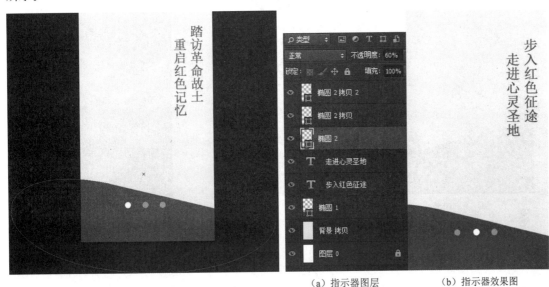

图 5-20　页面底部形状

（a）指示器图层　　　（b）指示器效果图

图 5-21　步骤（3）

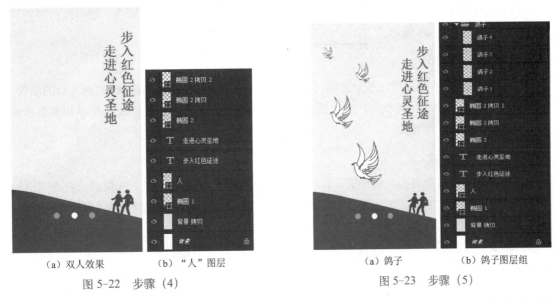

（a）双人效果　　（b）"人"图层

图 5-22　步骤（4）

（a）鸽子　　（b）鸽子图层组

图 5-23　步骤（5）

（6）在自定义形状中找到"营火"名称的图标，设置填充颜色值为#f21e1e，并在页面的左上角画出图案，将该图层命名为"圣火"，如图5-24所示，至此整个引导页2就完成了。

拓展任务

制作案例引导页2页面，如图5-25所示。

（a）圣火图形　　　　（b）圣火图层

图 5-24　步骤（6）

图 5-25　案例引导页2

任务 5.3　制作徜徉红途 APP 引导页 3

扫一扫

任务5.3
制作徜徉红途
APP引导页3

任务描述

符合引导页 1，引导页 2 的风格和页面布局方式，与主题"预览山水画卷　倾听红色经典"相对应。效果如图 5-26 所示。

设计思路

引导页 3，色彩依然采用红色主基调，提取"预览山水画卷　倾听红色经典"脍炙人口的语句，字体排列与其他引导页保持统一风格。页面元素中的图片，配合倾听红色经典故事和英雄事迹来教育我们的后代，缅怀先烈。

任务实施

（1）新建文件并命名为"引导页 3.psd"，文件尺寸大小为：750×1 334 像素。打开"引导页 1.psd"文件，选中并复制图 5-27（a）所示图层，将复制的图层粘贴到新建文件"引导页 3.psd"，效果如图 5-27（b）所示。

（2）利用钢笔工具的锚点转换工具 ⬛ 和删除锚点工具 ✐，将页面底部形状修改为图 5-28 所示效果，将"椭圆 1"图层改为"底部形状"并将文字改为"预览山水画卷　倾听红色经典"。

（3）选择菜单栏中的"视图"→"新建参考线"命令，在"新建参考线"对话框中选择取向为"垂直"，位置为 225 像素。再新建一条参考线，取向为"水平"，位置为 1 080 像素，并将 3 个圆点的图层删除，效果如图 5-29 所示。

图 5-26 引导页3效果图

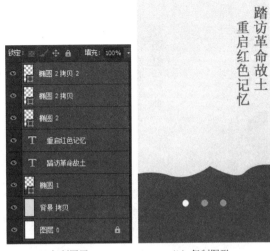

（a）复制图层　　　　（b）复制图形

图 5-27 步骤（1）

图 5-28 修改文字内容

图 5-29 删除圆点指示器

（4）打开素材中的"倾听 .psd"，将"倾听"图层复制到"引导页 3.psd"中，并将图层位置放在"底部形状"和"背景拷贝"之间，如图 5-30 所示。

（5）打开素材中的"建筑 .psd"，将"建筑"图层复制到"引导页 3.psd"中，移动到图 5-31 所示位置，并为建筑图层添加描边，参数如图 5-32 所示，大小为 3 像素，颜色值为 #f0f908，描边效果如图 5-33 所示。

（6）选择圆角矩形工具，并设置填充颜色值为 #f9f9d2，高度为 80 像素，宽度为 300 像素，圆角半径为 10 像素，单击"确定"按钮，并移动圆角矩形使其左上角紧贴参考线的交叉点，将图层名称改为"按钮"，如图 5-34 所示。

（a）倾听图形　　　　　　　　　（b）倾听图层

图 5-30　步骤（4）

图 5-31　添加"建筑"图层

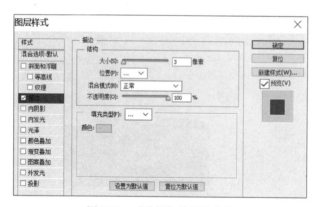

图5-32　"建筑"的描边参数

图5-33　"建筑"的描边效果

（7）将"按钮"图层的不透明度设置为70%，选择"横排文字工具"，设置字体为"宋体"，大小为50点，颜色值为#583838，输入"点击进入"，并移动到合适位置，清除参考线，作品即可完成，如图 5-35 所示。

拓展任务

制作案例引导页 3 页面，如图 5-36 所示。

（a）圆角矩形参数　　　　　　　（b）圆角矩形效果

图 5-34　步骤（6）

（a）完成页面效果　　　　（b）完成图层效果

图 5-35　步骤（7）

图 5-36　案例引导页3

知　识　库

（1）设计多张引导页的时候，为了体现统一性，可以选择主色调统一的方式；也可以选择图形形状统一的方式；或者选择字体颜色、字号以及位置一致的方式。引导页中语言的凝练非常重要，可以使用广告语的方式，朗朗上口，易于理解；也可以采取问答的方式，引发用户思考，最终实现让用户了解 APP 的作用或者功能。

（2）锚点、钢笔工具中的添加锚点、删除锚点、转换点工具。锚点是指路径上的一个控制节点，调整路径的走向曲率；使用增加锚点工具在路径上任意位置单击就可以增加一个锚点；使用删除锚点工具单击任一锚点，实现删除；转换锚点工具可将直线点转变成曲线点，也可以将曲线点转换为直线点。

制作"首页"页面

首页界面显示了整个 APP 的全部功能，首页界面按照功能区域可以划分为状态栏、导航栏、内容区域、标签栏等。如图 5-37 所示，对于不同的屏幕尺寸，各部分的尺寸也相应地发生改变，这里的案例是按照 iPhone 6/6s/7/8 的界面尺寸 750×1 334 像素，状态栏高度为 40 像素，搜索栏高度为 88 像素，标签栏 / 工具栏高度为 98 像素进行的。

图 5-37　首页效果图

扫一扫 •

任务5.4
标签栏导航
制作

任务 5.4　标签栏导航制作

任务描述

在整个页面的底部，标签栏导航是用户体验效果较好的导航设计类型，用户可以根据自己的需要点击导航栏选项，并通过颜色差异选择区分"选中"和"未选中"的状态，制作效果如图 5-38 所示。

图 5-38　标签栏效果图

设计思路

本案例按照常用的 750×1 334 像素界面尺寸大小进行设计，标签栏位于页面底部，高度一般为 98 像素，色彩采用红色表示"选中"状态，灰色表示"未选中"状态，图标内容可识别性强，分布均匀。

任务实施

（1）打开 Photoshop CC 软件，在菜单栏中选择"文件"→"新建"命令，打开"新建"对话框，设置文件"宽度"为 750 像素，"高度"为 98 像素，"分辨率"为 72 像素 / 英寸，"颜色模式"为 RGB 颜色，背景颜色为白色，新建一个空白画布。选择"视图"→"显示"→"网格"命令，如图 5-39 所示。

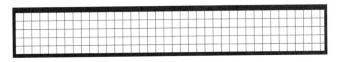

图 5-39　新建文件

（2）选择"编辑"→"首选项"→"参考线、网格和切片"命令，打开"首选项"对话框，对网格参数进行设置，如图 5-40（a）所示，网格效果如图 5-40（b）所示。

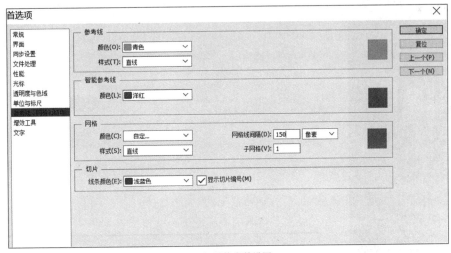

（a）网格参数设置

（b）网格效果

图 5-40　步骤（2）

（3）将绘制好的图标移入标签栏中，并在每一个网格中垂直居中对齐，水平位置沿参考线对齐。字体选择"苹方"，大小为"20点"，"首页"字体的颜色值为#e91423，"行程""定制""游记""我的"等未选中字体颜色值为：#6d6768。效果如图 5-41 所示。

图 5-41　首页标签栏效果

（4）按【Ctrl+H】组合键，隐藏网格；按【Ctrl+S】组合键，保存文件到指定文件夹。

小技巧

　　如果计算机中没有苹方字体，可以从网上下载苹方字体压缩包，解压后，将苹方的全部字体样式复制，在计算机C盘Windows下的Fonts文件夹中粘贴这些字体样式即可。

拓展任务

　　制作切换标签栏界面，方便标签状态的切换，为其他"行程""定制""游记""我的"等页面实现做准备，如图 5-42 所示。

（a）切换标签栏图层

（b）切换标签栏效果

图 5-42　制作切换标签栏界面

任务 5.5 状态栏制作

扫一扫

任务5.5
状态栏制作

任务描述

在整个页面的顶部，一般状态栏和搜索栏的背景色设置是一样的，本任务以 750×1 334 像素的界面尺寸设置，状态栏高度为40像素，搜索栏高度为88像素，故整个文件高度设置为 128像素，效果如图5-43所示。

图 5-43 状态栏效果

设 计 思 路

主要绘制状态栏的各个子图标，并且满足本任务的尺寸要求。

任 务 实 施

(1) 打开 Photoshop CC 软件，在菜单栏中选择"文件"→"新建"命令，打开"新建"对话框，设置名称为"状态栏"，文件"宽度"为750像素，"高度"为128像素，"分辨率"为72像素/英寸，"颜色模式"为RGB颜色，"背景内容"为白色，新建一个空白画布，如图5-44 (a) 所示。

(2) 选择渐变工具▇▇，填充渐变颜色，打开"渐变编辑器"对话框，左边色标的颜色值为 #f5c272，右边色标的颜色值为 #f77676，不透明度都设为100%，参数如图5-44 (b) 所示。然后，按住【Shift】键的同时，按住鼠标左键水平方向拖动，完成横向填充，效果如图5-44 (c) 所示。

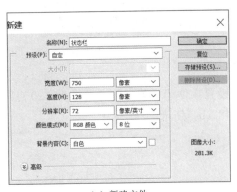

（a）新建文件

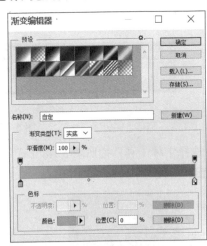

（b）渐变色设置

（c）渐变填充效果

图 5-44 步骤（1）

（3）选择矩形选区工具 ，设置选区高度为40像素，宽度为750像素，并填充为红色，在红色区域进行状态栏的绘制，如图5-45所示。

图5-45　状态栏区域

（4）选择圆角矩形工具 ，高度设为10像素，宽度设为10像素，圆角半径设为3像素，绘制第一个圆角矩形，第二个圆角矩形和第一个的宽度和圆角半径不变，高度增加5像素。以此类推，绘制第三个和第四个圆角矩形，并单击"底部对齐" 按钮和"按左分布" 按钮，如图5-46（a）所示，把四个圆角矩形均匀排列，效果如图5-46（b）所示。

（a）对齐设置

（b）对齐效果

图5-46　步骤（4）

（5）将四个圆角矩形工具建立一个组，命名为"矩形"，移动到合适位置，并按【Ctrl+T】组合键，调整其整体效果，如图5-47所示。

（a）矩形效果

（b）矩形图层

图5-47　步骤（5）

（6）选择字体工具，按照图5-48（a）所示设置字体为"苹方"，大小为"20点"，颜色值为#ffffff，输入"中国移动"并保存，如图5-48（b）所示。

（a）字体设置

（b）字体效果

图5-48　步骤（6）

(7) 信号图标的绘制：新建一个文件，宽度设为 500 像素，高度设为 500 像素，背景颜色值为 #e5d0d0，添加两条参考线。以参考线的交点为中心，单击椭圆工具 ，按住【Alt+Shift】组合键绘制正圆形，再绘制一个半径略小的同心圆形，然后选择"减去顶层形状"，最终得到一个圆环的形状，如图 5-49 所示。

(8) 按照同样的方法，画出第二个圆环，再画一个同心圆，图形效果如图 5-50（a）所示，图层效果如图 5-50（b）所示。

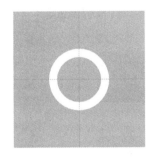

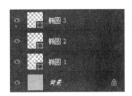

（a）同心圆环　　　　　（b）同心圆环图层效果

图 5-49　圆环效果　　　　　　　　　　　　图 5-50　步骤（8）

(9) 选中"椭圆 1""椭圆 2""椭圆 3"3 个图层，按【Ctrl+E】组合键，合并为一个图层，结果如图 5-51 所示，右键单击"椭圆 3"图层选择"转换为智能对象"，将"椭圆 3"图层复制一次，并命名为"图层 1"，选择"多边形套索工具" ，在"图层 1"截取 90 度区域的扇形圆环，即"信号"图标，如图 5-52（a）所示，图层效果如图 5-52（b）所示。

（a）扇形圆环　　　　　（b）"信号"图标对应图层

图 5-51　合并图层后效果　　　　　　　图 5-52　绘制"信号"图标

(10) 复制"图层 1"到"状态栏 .psd"文件，并调整到合适位置，将图层命名为"信号"，如图 5-53 所示。

(11) 选择字体工具 ，设置字体为"苹方"，大小为"20 点"，颜色值为 #ffffff，输入"12:34PM"并保存，如图 5-54 所示。

(12) 选择圆角矩形工具 ，填充设置为无，描边为白色、1 像素，宽度为 50 像素，高度为 20 像素，画出电池边框，如图 5-55（a）所示。然后建立新的图层，选择圆角矩形工具 ，填充设置为白色，描边为无，宽度为 46 像素，高度为 16 像素，画出电池电量，如图 5-55（b）所示。

（a）添加扇形后的状态栏　　　　　　（b）添加扇形后的图层

图 5-53　步骤（10）

图 5-54　添加时间效果

（a）绘制电池图标

（b）填充电池图标

图 5-55　步骤（12）

（13）最后画出半圆的形状，组合为一个电池的形状，并将图层合并，命名为"电量"，如图 5-56 所示。

（a）完成电池图形　　　　　　　　　　（b）完成电池图层

图 5-56　步骤（13）

（14）将红色背景图层隐藏，并隐藏参考线，整个状态栏的绘制已经完成。

拓展任务

制作状态栏界面，如图 5-57 所示。

图 5-57　状态栏界面

任务5.6 搜索栏制作

任务描述

搜索栏在页面中的位置一般位于状态栏的下方。一般状态栏和搜索栏的背景色设置是一样的。本案例以750×1334像素的界面尺寸设置，搜索栏高度为88像素，效果如图5-58所示。

图5-58 搜索栏效果图

扫一扫

任务5.6
搜索栏制作

设计思路

本任务先在单独的文件中制作，然后把搜索栏中的各个子图标复制到首页界面，进而实现整个首页页面的绘制。

任务实施

(1)新建一个文件命名为"搜索栏"，设置宽度为750像素，高度为88像素，设置背景色为白色，单击"确定"按钮。按【Ctrl+J】组合键新建"图层1"，将前景色设置为#999，并按【Alt+Delete】组合键填充前景色，效果如图5-59所示。

（a）新建搜索栏

（b）新建图层

图5-59 步骤（1）

(2)选择文字工具 **T**，设置字体为"苹方"，大小为"30点"，颜色值为#fff，输入"芜湖"，并将字体移动到合适位置。然后选择矩形工具 ，设置宽度为40像素，高度为40像素，填充为无，描边为4点，将矩形旋转45度，效果如图5-60所示。

(3)右击"矩形1"图层，选择"栅格化图层"，然后选择矩形选区工具 ，按图5-61（a）选取，并按【Delete】键删除，按【Ctrl+D】组合键去除蚂蚁线；并将该图形向上移动到合适位置。

(4)选择圆角矩形工具 ，设置填充为白色，描边为2像素，宽度为360像素，高度为50像素，圆角半径为15像素，如图5-61（b）所示。

（a）输入文字效果

（b）图层效果

图5-60 步骤（2）

（a）制作箭头效果

（b）制作搜索框效果

图5-61 步骤（3）、（4）

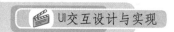
（5）选择自定义形状 ▧ ，找到"搜索"形状，描边颜色值设置为#999，并绘制搜索图形，如图5-62（a）所示。选择横排文字工具，字体选择"苹方"，字号"14点"，颜色值设置为#999，输入"搜索战役名称"，效果如图5-62（b）所示。

（a）添加放大镜效果

（b）添加搜索提示

图5-62　步骤（5）

（6）选择椭圆工具 ⬭ ，设置填充为无，描边为白色，2像素，宽度为70像素，高度为50像素，然后选择"添加锚点工具"，如图5-63（a）所示，在椭圆的左下方点击，如图5-63（b）所示。

（7）调整锚点位置，如图5-63（c）所示，再选择钢笔工具 ✐ ，绘制两条波浪线，设置描边颜色为白色，并移动到图5-63（d）所示的位置，至此，搜索栏的制作就完成了。

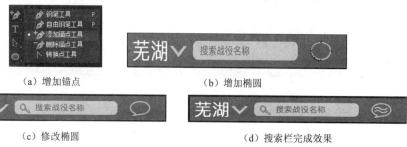

（a）增加锚点　　　　　　　　　　（b）增加椭圆

（c）修改椭圆　　　　　　　　　　（d）搜索栏完成效果

图5-63　步骤（6）、（7）

拓展任务

制作案例搜索栏界面，如图5-64所示。

图5-64　案例搜索栏界面

任务5.7　主界面的制作

任务描述

首页是APP内容部分的第一个页面，大部分的首页同时也是主页，也称为主界面，主界面在整个APP中非常重要，其他二级页面基本都是在主页中点击入口才能打开。根据首页的原型图为依据和参考，从上到下依次为状态栏、搜索栏、内容区域、标签栏等。本次要制作的主界面效果如图5-65所示。

设计思路

本任务按照常用的750×1 334像素界面尺寸进行设计，状态栏高度为40像素，搜索栏高度为 88 像素，内容区域为 1 108 像素，标签栏高度为 98 像素，按照原型图来完成内容区域的排版。

任务实施

（1）新建一个文件，命名为"主页"，设置宽度为 750 像素，高度为 1 334 像素，背景色为白色，单击"确定"按钮。将"状态栏"和搜索栏放入本页面顶端，将标签栏放入页面底部，效果如图 5-66（a）所示（截图周围的黑色边框可以忽略）。

（2）选择矩形工具，设置宽度为 750 像素，高度为 1118 像素，填充颜色值为 #ccc。将矩形框移动到内容区域，将图层命名为"内容区域背景"，如图 5-66（b）和图 5-66（c）所示。

（3）新建一个文件夹，命名为"轮播图"，绘制一个宽度 750 像素，高度 300 像素的选区，填充白色，并将图层命名为"轮播图背景"，如图 5-67 所示。

图5-65　主界面效果图

（4）把素材中的 3 个轮播图文件"瑞金 .jpg""井冈山 .jpg""延安 .jpg"复制到轮播图文件夹下，并将尺寸调整为 750×300 像素，将图层分别命名为"轮播图 1""轮播图 2""轮播图 3"，如图 5-68 所示。

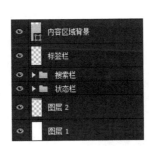

（a）首页雏形　　　　　　（b）"内容区域背景"图层　　　　（c）"内容区域背景"效果

图 5-66　首页及背景

（5）选择椭圆工具，设置填充颜色值为 #ff0，描边为无，宽度为 40 像素，高度为 40 像素，绘制一个圆点，并将图层命名为"圆点 1"，按住【Alt】键拖动复制圆点两次，并移动到合适位置，把复制的两个圆点填充色改为白色，并将复制后的图层分别命名为"圆点 2""圆点 3"，如图 5-69 所示。

（6）新建一个文件夹并命名为"内容区域"，接下来，将所绘制的圆角矩形和文字都放入

"内容区域"文件夹。选择"视图"→"新建参考线"命令，打开"新建参考线"对话框，设置取向为"垂直"，位置为15像素。用同样的方法，再新建一条垂直参考线，位置为735像素，如图 5-70 所示。

（7）选择矩形工具 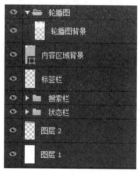，设置宽度为720像素，高度为294像素，填充颜色值为#f29a76，描边为0，绘制矩形并移动到两条垂直参考线中间，效果如图 5-71 所示；新建 3 条垂直参考线，分别定位位置为：55像素、290像素、525像素。然后新建 2 条水平参考线，分别定位位置为：450像素、594像素，效果如图 5-72 所示。

（a）轮播图背景　　　　　　　（b）"轮播图背景"图层

图 5-67　步骤（3）

（a）轮播图效果　　　　　　（b）轮播图图层

图 5-68　步骤（4）

（a）指示点效果图　　　　　（b）指示点图层

图 5-69　步骤（5）

（a）新建参考线　　（b）新建参考线效果

图 5-70　步骤（6）　　　　　图 5-71　绘制矩形效果　　图 5-72　绘制参考线效果

（8）选择圆角矩形工具 ▢，设置宽度为 180 像素，高度为 84 像素，半径为 15 像素，填充色为白色，绘制圆角矩形，并复制移动到合适位置，效果如图 5-73 所示。选择字体工具 T，字体样式选择"苹方""中等"，字体颜色值为 #000，字号为 36 点；在每个圆角矩形内添加文字，效果如图 5-74 所示。

（9）在菜单栏中选择"视图"→"清除参考线"命令，将前面图中所画的所有参考线清除，效果如图 5-75 所示。

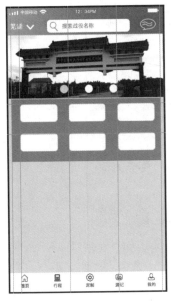

图 5-73　圆角矩形效果　　　　图 5-74　输入文字效果　　　图 5-75　清除参考线后效果图

（10）新建一个文件夹并命名为"出行方式"，如图 5-76 所示。接下来将所用到的素材和图层都放入"出行方式"文件夹中进行操作。在菜单栏中选择"视图"→"新建参考线"命令，新建 6 条垂直参考线，分别定位位置为：15 像素、159 像素、303 像素、447 像素、591 像素、735 像素，然后新建 2 条水平参考线，分别定位位置为：750 像素、1000 像素。

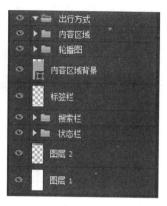

图 5-76　出行方式图层

（11）将素材中的"自由行""酒店""民宿""汽车 船票""特价机票"等图标分别复制到主页，并参照参考线排列整齐，如图 5-77（a）所示；将素材中的"包车""打车""火车""保险""礼品"等图标分别复制到主页，并按照参考线排列整齐，如图 5-77（b）所示。

（12）选择字体工具 **T**，选择"苹方"字体，"常规"选项，字号"38 点"，颜色为黑色，设置完成后，输入"自由行"到合适的位置，并为"自由行"添加描边，描边大小为 1 像素，混合模式为正常，不透明度为 50%，颜色值为 #ff0000，如图 5-78 所示。

（13）按住【Alt】键并拖动"自由行"复制其字体及其样式，并排列整齐，效果如图 5-79（a）所示，修改字体和图标内容一致，效果如图 5-79（b）所示，选择菜单栏中的"视图"→"清除参考线"命令至此，主页内容全部完成。

拓展任务

制作"我的"界面，这是基于徜徉红途 APP 原型图所实现的界面结构，所用图标在本书配套素材中选择，最终实现效果如图 5-80 所示。

（a）添加出行方式图标

（b）出行方式图标完成

图 5-77　步骤（11）

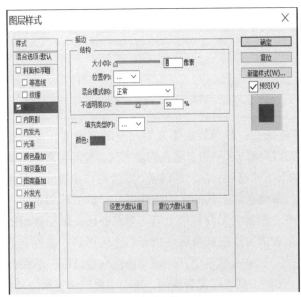

（a）描边参数

（b）字体效果

图 5-78　步骤（12）

（a）复制字体　　　　　（b）修改字体

图 5-79　步骤（13）

图 5-80　"我的"界面

知　识　库

（1）界面设计中各基本元素如状态栏、导航栏、标签栏/工具栏等高度，针对不同的机型都有相应的尺寸要求，见表 5-1。

表 5-1　机型对应基本元素参数

元素	iPhone 6/6s/7/8	iPhone 6 Plus/6s Plus/7 Plus/8 Plus	iphone x/xs
状态栏高度/像素	40	60	88
导航栏高度/像素	88	132	88
标签栏/工具栏高度/像素	98	146	98

（2）参考线与智能参考线的区别与联系：参考线主要是手动拖动出来的，或者通过"视图"→"新建参考线"的方式建立的位置精确的水平或者垂直的参考线；智能参考线主要是在使用切片工具时，根据所切的位置而自动出现的横向和纵向的线条。二者的作用实际上是相同的。

（3）套索工具、多边形套索工具、磁性套索工具的区别与联系：套索工具和手绘一样，按住鼠标拖动，可随意选择形成选区；多边形套索工具从单击第一个点开始，鼠标移至图像的任一处，都是直线的，最后得出从第一个点依次连线到最后一个点的选区形状；磁性套索工具一般用于有相近或者相同颜色的区域选择，从单击第一个点开始，慢慢拖动鼠标，后面会自动吸附到相似的颜色边缘，进而形成选区。三种工具可以配合使用，进而实现较为复杂的功能。

制作"行程"页面

在 APP 主页中点击标签栏中的"行程"即跳转到"行程"界面，进而帮助用户了解具体的每个行程景点的简介和相关资料。

任务 5.8　制作"行程"页面

扫一扫●

任务5.8
制作"行程"
页面

任务描述

"行程"页面的结构在状态栏和标签栏布局方式和"首页"基本相同，但页面主要内容部分是图文并茂的排版方式，以便实现"行程"页面的制作。

设计思路

标签栏中"行程"图标及其字体设置为选中状态，其他"首页""定制""游记""我的"等图标和字体为"未选中"状态。页面的主要内容是介绍一些景点的基本情况，整体风格和主页保持一致。效果如图 5-81 所示。

任务实施

（1）把"首页"界面另存为"行程"页面，保留"图层 1""图层 2""标签栏"图层和"状态栏"文件夹，删除其他文件夹及其图层，具体效果如图 5-82 所示。

（2）新建一个文件夹并命名为"标签栏状态"，打开素材文件中的"标签栏切换.psd"，复制"选中""未选中"两个文件夹到"行程页面"

图 5-81　"行程"页面

文件，并移动到新建的"标签栏状态"文件夹中合适位置，删除原有的"标签栏"图层，效果如图 5-83 所示，把状态栏中的"首页"图标和文字设为"未选中"，把状态栏中的"行程"图标和字体设为"选中"状态。

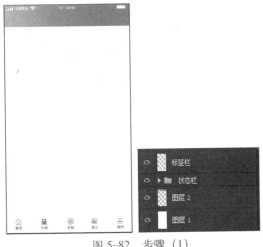

图 5-82　步骤（1）

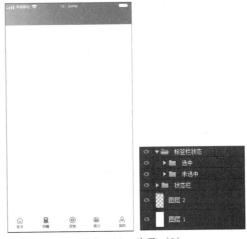

图 5-83　步骤（2）

（3）选择直线工具 ∕，填充为白色，描边为 1 像素，宽度为 750 像素，高度为 1 像素，如图 5-84（a）所示；把直线定位在水平方向 40 像素的位置，效果如图 5-84（b）所示。

（4）建立两条垂直参考线，分别定位在垂直方向 25 像素和 725 像素的位置，是为了在界面的左右各留出 25 像素的空白区间。然后，选择直线工具 ∕，设置填充颜色值为 #535353，宽度为 50 像素，高度为 5 像素，如图 5-85（a）所示，然后绘制垂直参考线并定位在垂直 25 像素的位置，复制两条同样的线段，垂直方向上均匀分布，效果如图 5-85（b）所示。

（a）直线参数设置

（b）添加直线

图 5-84　步骤（3）

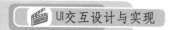

（a）直线参数

（b）添加三条线段

图 5-85　步骤（4）

（5）选择文字工具 T，字体选择"苹方"，"粗体"，字号"48 点"，颜色为白色，如图 5-86（a）所示，输入"行程"，并设置水平方向居中，效果如图 5-86（b）所示。

（a）字体参数

（b）添加"行程"

图 5-86　步骤（5）

（6）选择椭圆工具 ，设置填充为无，描边为 5 点，描边颜色值为 #535353，宽度和高度都设置为 65 像素，如图 5-87 所示。

（a）椭圆形状参数

（b）添加圆圈

图 5-87　步骤（6）

（7）选择直线工具 ，设置颜色值为#c3c3c3，宽度为 25 像素，高度为 2 像素，粗细为 2 像素，如图 5-88（a）所示，绘制水平线段，如图 5-88（b）所示。按【Ctrl+J】组合键复制线段图层，并按【Ctrl+T】组合键进行旋转 "90°"，移动到圆心位置，如图 5-88（c）所示。

（a）直线参数设置

（b）圆圈内添加水平线段

（c）圆圈内添加L形状

图 5-88　步骤（7）

（8）新建文件夹并命名为"景点简介"，在此文件夹中分别建立三个子文件夹分别命名为"南昌起义""井冈山""王稼祥"，如图 5-89（a）所示。打开素材文件中的南昌起义 .jpg""井冈山 .jpg""王稼祥 .jpg"三幅图，分别复制图层到各自对应的文件夹中，如图 5-89（b）所示。移动并调整三幅图的大小，效果如图 5-89（c）所示。

（9）选择字体工具 T ，字体选择"苹方"，"粗体"，字号"36 点"，"浑厚"，颜色值为 #000；如图 5-90（a）所示。输入"南昌起义红色之旅"，并复制两次该图层，修改文字为"井冈山红色之旅""王稼祥纪念馆"，移动到合适的位置，效果如图 5-90（b）所示。

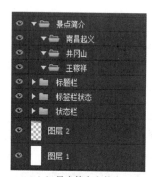

（a）景点简介文件夹

（c）调整图片效果

（b）添加图片到文件夹

图 5-89　步骤（8）

（a）标题文字设置

（b）添加标题

图 5-90　步骤（9）

（10）选择字体工具 T ，字体选择"苹方"，"常规"，字号"28点"，"锐利"，颜色值为#000；如图 5-91（a）所示，输入"南昌八一起义纪念馆位于江西省南昌市西湖区中山路。国家一级博物馆、国家 AAAA 级旅游景区、全国红色旅游工作先进集体、全国首批"爱国主义教育示范基地"，效果如图 5-91（b）所示。

（11）参照步骤（10）的方法，在"井冈山红色之旅"标题下输入"井冈山革命根据地是中国共产党于 1927 年 10 月在湖南、江西两省边界罗霄山脉中段创建的第一个农村革命根据地，点燃了'工农武装割据'的星星之火"；在"王稼祥纪念馆"标题下输入"王稼祥故居地处安徽泾县西南桃花潭镇厚岸村，建筑面积 1 130 m^2。2001 年被批准为全国爱国主义教育基地、全国重点红色旅游景点。景区由王稼祥故居纪念馆、故居、东台书院等景点组成"，调整其位置，效果如图 5-92（a）所示。选择菜单栏中的"视图"→"清除参考线"命令，整个"行程"页面就完成了，如图 5-92（b）所示。

拓展任务

按照要求完成"游记"页面制作，所需图标在素材文件中提取，最终完成效果如图 5-93 所示。

（a）内容字体设置

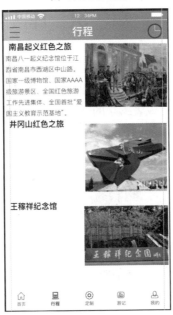

（b）添加"南昌起义"相关内容

图 5-91 步骤（10）

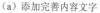

（a）添加完善内容文字　　　　　　（b）"行程"页面完成

图 5-92　步骤（11）　　　　　　　　图 5-93　"游记"页面效果

知　识　库

APP 界面设计中，因为界面尺寸较小，在设计图文并茂的页面时，标题文字要醒目、简练，内容介绍文字也要尽可能精简，如果内容较多，出现文字过长的情况，一定要定义一下处理方式。当内容是选择型的，可以采取截断或者缩略的方式；当内容是阅读型的，可以折行处理，这样界面看起来会更加舒服，用户体验感更好。

制作"定制"页面

在 APP 主页中点击标签栏中的"定制"即跳转到"定制"界面，可以根据用户的需要定制符合个性化需求的线路制定等，方便更好地服务于用户。

任务 5.9　制作"定制"页面

任务描述

"定制"页面状态栏和标签栏的布局方式和"行程"页面基本相同，但是本页面中有轮播图、按钮、小图标排列，排列布局图文并茂，整个内容区域被分成了几个风格不同的模块区域。

• 扫一扫

任务5.9
制作"定制"
页面

设计思路

标签栏中"定制"图标及其字体设置为选中状态，其他"首页""行程""游记""我的"等图标和字体为未选中状态。页面的主要内容部分是定制分类和热门线路推荐。整体风格和主页保持一致，效果如图5-94所示。

任务实施

（1）把"行程"界面另存为"定制"页面，保留"图层1""图层2""状态栏""标签栏状态""标题栏"文件夹，并在"标签栏状态"文件夹中，将"定制"图标及其文字设置为选中；删除其他文件夹及其图层，如图5-95所示。

（2）选择字体工具 **T**，把字体"行程"改为"定制"，并把标题栏内的形状删除，效果如图5-96所示。

（3）新建一个文件夹并命名为"轮播图"，打开素材中的"遵义会议.jpg""瑞金北京.jpg""西柏坡.jpg"，并复制图层到"定

图5-94 "定制"页面效果

制页面"，调整三幅图的大小尺寸均为750×355像素。把三幅图调整到图5-97（a）所示位置，把三个图像图层分别移动到"轮播图"文件夹下，如图5-97（b）所示。

（4）选择椭圆工具 ，填充颜色值为#ffff00，描边颜色值为#e1e1e1，描边粗细为2点，宽度为40像素，高度为40像素，参数如图5-98（a）所示，绘制圆点，并把图层命名为"圆点1"，复制两次，并把复制的图层名称修改为"圆点2""圆点3"，然后把"圆点2""圆点3"的填充颜色改为白色，把三个圆点排列整齐，效果如图5-98（b）所示。

（a）保留图层

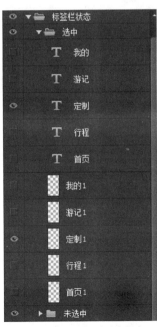

（b）修改"定制"为选中状态

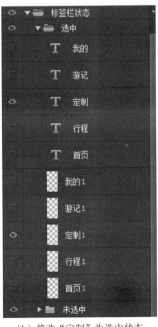

（c）状态栏"定制"选中效果

图5-95 步骤（1）

图 5-96　标题改为"定制"

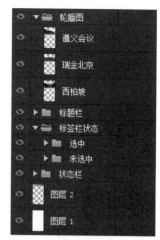

（a）轮播图效果　　　（b）轮播图文件夹

图 5-97　步骤（3）

（a）圆点参数设置

（b）轮播图指示器效果

图 5-98　步骤（4）

（5）选择菜单栏中的"视图"→"新建参考线"命令，新建两条水平参考线，分别定位在500 像素和 600 像素的位置，再新建 6 条垂直参考线，分别定位在 15 像素、159 像素、303 像素、

447像素、591像素、735像素的位置。然后把素材文件夹中的"省内游.psd""省外游.psd""周边游.psd""火车票.psd""报团.psd"等5个图标图层复制到"定制页面.psd"，把素材排列整齐，把图片图层移动到新建的"旅游方式"文件夹中，效果如图5-99所示。

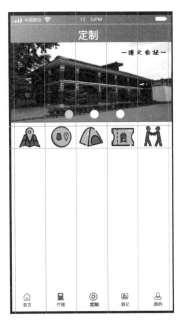

图5-99 "旅游方式"图标排列

（6）选择文字工具 T ，字体"苹方"，"粗体"，字号36点，"浑厚"，颜色为#000，参数设置如图5-100（a）所示，分别输入"省内游""省外游""周边游""火车票""报团"等字体，并排列在对应的图标下面，效果如图5-100（b）所示。

（7）选择菜单栏中的"视图"→"新建参考线"命令，水平方向定位在750像素的位置，然后选择圆角矩形工具 ，填充颜色值为#f67e72，描边颜色值为#e1e1e1，描边大小为5点，宽度为290像素，高度为80像素，圆角半径为25像素，参数如图5-101（a）所示。把圆角矩形移动到合适位置，如图5-101（b）所示。

（8）选择字体工具 T ，字体选择"苹方"，"粗体"，字号"40点"，"浑厚"，字体颜色设置为白色，输入"开始定制"，如图5-102所示。

（a）字体参数

（b）旅游方式字体

图5-100 步骤（6）

（9）打开素材文件夹中的"热门线路图标.psd"文件，并把"图层1"复制到"定制页面"，将图层重命名为"热门线路图标"，移动到图5-103所示位置；选择字体工具 T ，点击 打开字体属性面板，字体选择"苹方"，"粗体"，字号"44点"，"浑厚"，字体颜色设置为黑色，选择"加粗"，并输入"热门线路"，参数如图5-104（a）所示，效果如图5-104（b）所示。

（a）圆角矩形参数

（b）按钮效果

图 5-101　步骤（7）

（a）按钮字体参数

（b）"开始定制"按钮

图 5-102　步骤（8）

图 5-103　添加指示牌图标

(a) 一级标题字体参数

(b) 一级标题效果

图 5-104　步骤（9）

(10) 选择"字体工具"，字体选择"苹方"，"粗体"，字号"36 点"，"锐利"，字体颜色设置为黑色，输入"红色延安精品线路推荐"，如图 5-105 所示。

(11) 打开素材文件夹中的"延安.psd"文件，将"图层 1"复制到"定制页面.psd"，按【Ctrl+T】组合键进行自由变换，调整到图 5-106（a）所示大小和位置，选择菜单栏中的"视图"→"清除参考线"命令，至此，定制页面就完成了，整体效果如图 5-106（b）所示。

(a) 二级标题参数

(b) 二级标题效果

图 5-105　步骤（10）

拓展任务

制作"登录"界面，所需图标在本节对应的素材中选择，最终实现效果如图5-107所示。

（a）添加图片效果　　　　（b）"定制"页面完成

图 5-106　步骤（11）

图 5-107　登录界面

知 识 库

手机上的按钮一般包括四种状态：不可点击状态、可点击状态、聚焦状态和按下状态；不可点击状态一般设置为灰色，避免误导用户；可点击状态一般设置醒目的颜色，用来引导用户点击；聚焦状态和按下状态只要有所区分即可。

单元总结

本单元内容根据原型图设计，通过"任务实施"和"任务拓展"两部分来完成徜徉红途APP界面中的引导页、首页、行程、定制、游记、我的、登录界面等设计。通过实例学习APP界面设计中的基本尺寸规范，字体设置基本要求，界面中区域模块划分及每个模块的实现过程。

单元6
UI 动效设计基础

单元导读

在设计出逻辑清晰、页面美观的界面后，需要使用动效把这些设计衔接起来，优秀的动效设计在提升产品体验、用户黏性方面起到积极作用，已经成为APP UI设计必不可少的元素之一。如今丰富细腻的 APP 动效遍布移动端优秀应用界面中，为用户提供了良好的动态沉浸式体验，动效设计在产品研发过程中也越来越被认可和重视。

单元要点

➤了解UI动效的作用；

➤掌握图标动效设计方法；

➤掌握APP界面动效设计方法。

制作图标动效

随着 UI 设计的不断发展，UI 动效在 APP 中得到越来越多的使用，图标作为 APP 界面中的重要元素，会涉及各种形式的动效，既能彰显功能性，亦能提升产品操作的趣味性和愉悦感。

任务 6.1　设计图标动效

任务描述

制作一个小女孩图标，动效是先眨两次眼，然后脸红。

设计思路

首先利用 Photoshop 制作小女孩图标的源文件，然后把源文件导入 AE（Adobe After Effects），

扫一扫●

任务6.1
设计图标动效

在 AE 中把各图层元素按照对应的显示方式进行操作，最终可以实现完整的图标动效。

任务实施

（1）准备素材。利用 Photoshop 制作图片源文件"女孩图标 .psd"，如图 6-1 所示。把图片分成四个图层，分别是"图标背景""头像基础""眼睛""红脸"，如图 6-2 所示。

图 6-1　女孩图标psd文件

（a）图标背景　　　（b）头像基础　　　（c）眼睛　　　　　（d）红脸

图 6-2　分图层

（2）打开 AE，选择"新建项目"→"从素材新建合成"命令，在导入文件对话框中，选择"女孩图标 .psd"，出现对话框，选择导入种类为"合成—保持图层大小"，图层选项为"可编辑的图层样式"，如图 6-3 所示。单击"确定"按钮，界面如图 6-4 所示。

（3）在菜单栏中选择"合成"→"合成设置"命令，把帧速率修改为"16"（默认值为 25），持续时间为"16"，背景色值为"#FFFFFF"，如图 6-5 所示，单击"确定"按钮。

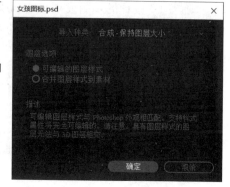

图 6-3　导入文件设置

图6-4　步骤（2）

图6-5　步骤（3）

（4）在图层编辑区中，单击"眼睛"图层左侧的下拉按钮，展开"变换"，在时间轴03f时，选中"缩放"前的秒表图标，在03f处创建关键帧，如图6-6所示。

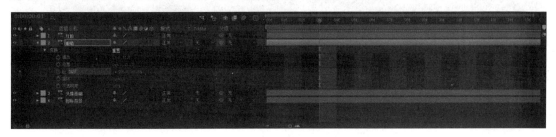

图6-6　步骤（4）

（5）把时间轴调整到04f位置，把"缩放"的值调整为"100.0，20%"，如图6-7所示。

图 6-7　步骤（5）

（6）把时间轴调整到 05f 位置，把"缩放"的值调整为"100.0，100%"，如图 6-8 所示。（备注：也可以复制 03f 处的关键帧，点击关键帧，按【Ctrl+C】组合键复制，然后在对应位置按【Ctrl+V】组合键粘贴关键帧。）

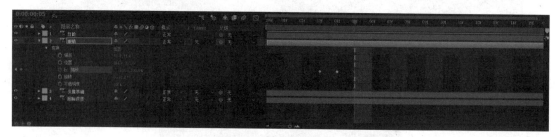

图 6-8　步骤（6）

（7）选择 03f～05f 处的三个关键帧进行复制，粘贴到 07f～09f 处，如图 6-9 所示。

图 6-9　步骤（7）

（8）在图层编辑区中，单击"红脸"图层左侧的小三角按钮，展开"变换"，在时间轴 10f 时，选中"不透明度"前的秒表图标，把设置调整为"0%"，如图 6-10 所示。

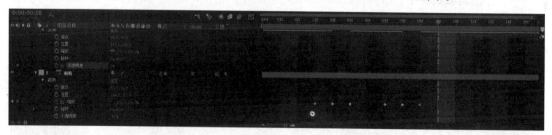

图 6-10　步骤（8）

（9）把时间轴调整到 15f 位置，把"不透明度"的值调整为"100%"，如图 6-11 所示。
（10）点击"预览"，查看动效效果，如图 6-12 所示。

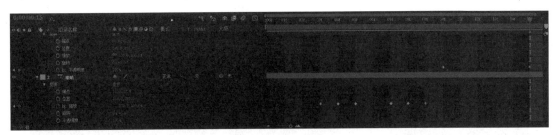

图 6-11 步骤（9）

图 6-12 步骤（10）

（11）目前这个合成就完成了。因为图标尺寸比较大，与实际使用的尺寸不同，而且尺寸较大比较浪费资源，因此要对图标进行尺寸缩减。首先在 AE 中新建"导出合成"，如图 6-13 所示。

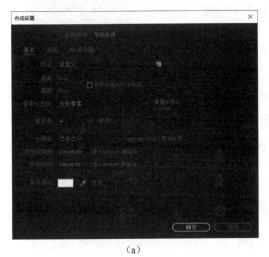

（a）

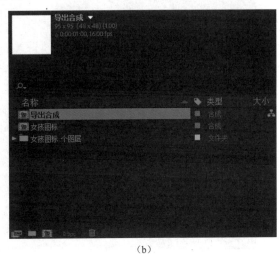

（b）

图 6-13 步骤（11）

（12）把之前制作好的合成拖放到"导出合成"编辑窗口中，原合成尺寸比导入合成尺寸大，可以按【Ctrl+Alt+Shift+H】组合键，让尺寸自适应，如图6-14所示。

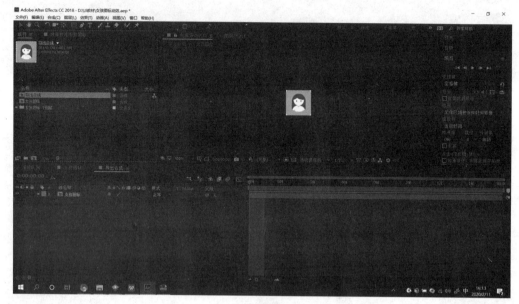

图6-14　步骤（12）

（13）按【Ctrl+M】组合键，把"导出合成"添加到"渲染队列"中，"输出模块设置"中格式选择"Targa序列"，单击"确定"按钮即可，如图6-15所示。

（14）单击"渲染"按钮，一声"叮咚"声后即完成导出，如图6-16所示。然后打开Photoshop软件，选择"文件"→"打开"命令，找到导出合成对应的文件夹，选择"导出合成_00000.tga"文件，并在窗口中选中"图像序列"。单击"确定"按钮，Photoshop中出现"帧速率"调整窗口，调整为16fps即可，如图6-17所示。

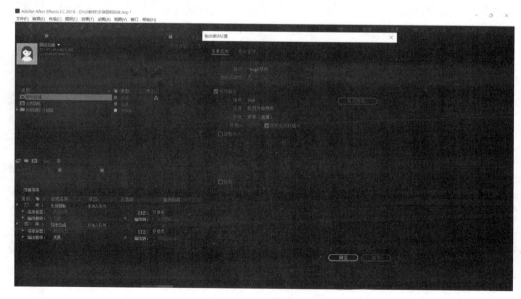

图6-15　步骤（13）

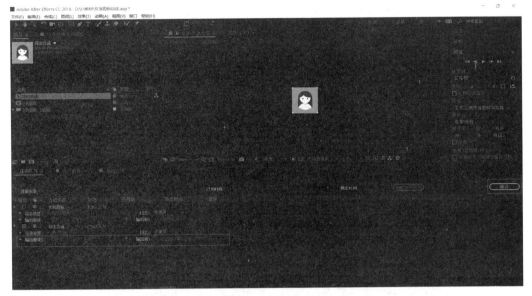

图 6-16　导出合成

图 6-17　"帧速率"调整窗口

（15）在 Photoshop 中，选择"文件"→"导出"→"存储"为 Web 所用格式"命令，如图 6-18 所示。

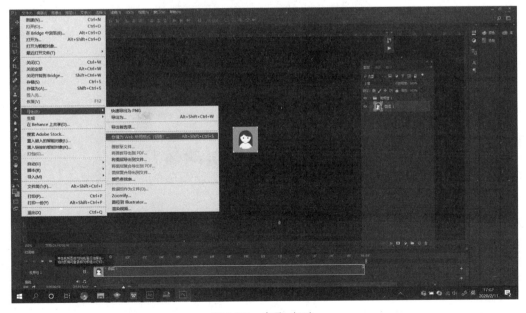

图 6-18　步骤（15）

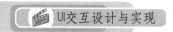

（16）在"存储为 Web 所用格式"对话框中进行设置，如图 6-19 所示。

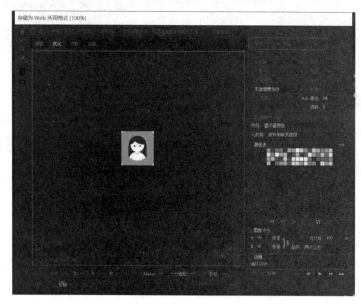

图 6-19　步骤（16）

（17）单击"存储"按钮，把 gif 图片保存到需要的位置即可。

拓展任务

制作一个男孩表情由微笑变成生气的动效，先后效果如图 6-20 所示。

（a）　　　　　　（b）

图 6-20　男孩表情动效制作

APP 引导页动效

APP 引导页之间的切换也有很多不同形式的动效。

任务 6.2　制作徜徉红途 APP 引导页动效

任务描述

在单元 5 设计的三张引导页基础上，制作引导页切换动效。

设计思路

首先把三张引导页素材文件导入AE，在AE中把各图层元素按照对应的显示方式进行操作，最终可以实现完整的引导页切换动效。

任务实施

（1）准备素材。分别把单元5设计的三张引导页命名为"引导页1""引导页2""引导页3"，图片宽度为750像素，高度为1 334像素，如图6-21所示。

（2）新建项目，在起始页面中，选择"从素材新建合成"，如图6-22所示。

（3）在弹出的对话框中，选择准备好的三张图片，单击"确定"按钮，出现"基于所选项新建合成"对话框，如图6-23所示。

（4）单击"确定"按钮，在项目中新建合成，如图6-24所示。

(a) 引导页1　　　　　　　(b) 引导页2　　　　　　　(c) 引导页3

图6-21　步骤（1）

图6-22　步骤（2）

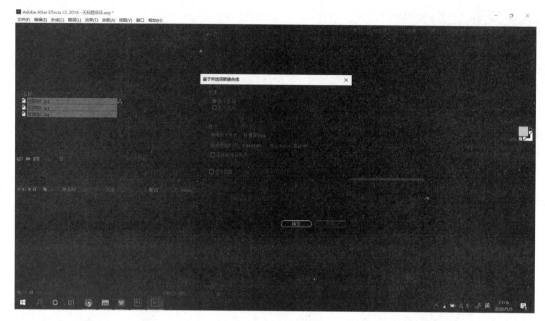

图 6-23　步骤（3）

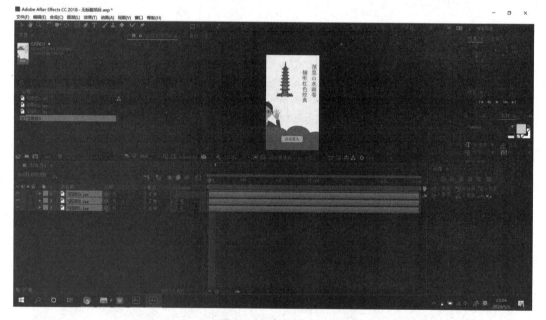

图 6-24　步骤（4）

（5）分别选中三个图层，"引导页1""引导页2""引导页3"初始位置分别设置为（375，667）、（1125，667）、（1275，667），初始缩放设置分别为（100，100%）、（70，70%）、（70，70%），初始不透明度分别设置为100%、50%、50%，如图6-25所示。

（6）选中"引导页1"图层，在时间轴00f时，分别选中"位置""缩放""不透明度"前秒表图标，设置位置为（375，667）、缩放为（100，100%）、不透明度为100%，如图6-26所示。然后在10f处，设置位置为（-375，667）、缩放为（70，70%）、不透明度为50%，如图6-27所示。

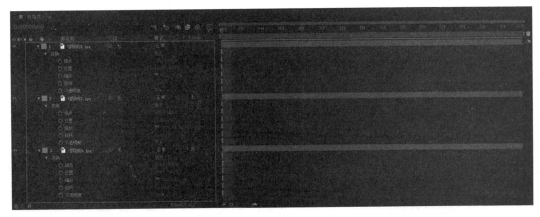

图 6-25　步骤（5）

图 6-26　时间轴00f处的设置

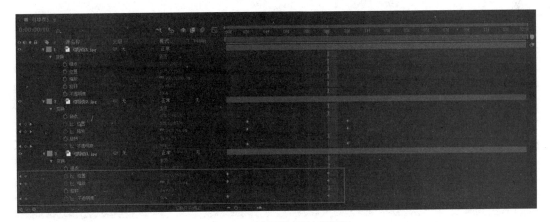

图 6-27　时间轴10f处的设置

（7）选中"引导页2"图层，在时间轴02f时，分别选中"位置""缩放""不透明度"前秒表图标。在02f处，设置位置为（70，70%）、不透明度为50%，如图6-28所示。然后在12f处，设置位置为（375，667）、缩放为（100，100%）、不透明度为100%，如图6-29所示。在第2个07f处，设置位置为（-375，667）、缩放为（70，70%）、不透明度为50%，如图6-30所示。

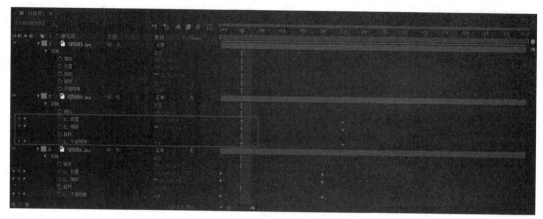

图 6-28　时间轴02f处设置

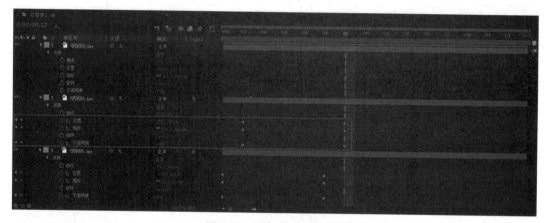

图 6-29　时间轴12f处设置

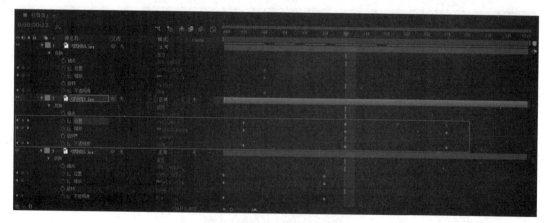

图 6-30　时间轴07f处设置

（8）选中"引导页 3"图层，在时间轴04f时，分别选中"位置""缩放""不透明度"前秒表图标。在14f处，设置位置为（1125，667）、缩放为（70，70%）、不透明度为50%，如图 6-31 所示。然后在第二个09f处，设置位置为（375，667）、缩放为（100，100%）、不透明度为100%，如图 6-32 所示。

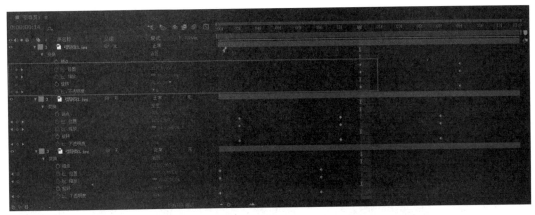

图6-31　时间轴14f处设置

图6-32　时间轴09f处设置

（9）完成需求的动效，单击"预览"按钮，查看动效效果。然后按照任务6.1第（11）~（17）步同样的方法把动效保存为gif动画。

制作APP界面动效

APP进入主界面后，为了更好地展示功能和内容，很多情况下会为界面中的各种元素设置动效，各个元素的动效形式不同，构成较为统一的界面动效。

任务6.3　备忘录APP界面动效

任务描述

根据教材提供的psd图片素材，为一款备忘录APP界面设计动效，如图6-33所示。

设计思路

把之前准备好的PSD源文件导入AE，在AE中把各图层元素按照对应的显示方式进行操作，

扫一扫

任务6.3
备忘录APP界
面动效

最终可以实现完整的界面动效。

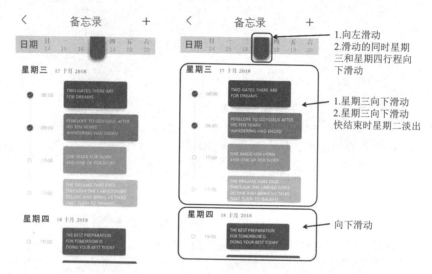

图 6-33 动效需求

任务实施

（1）首先利用 Photoshop 设计"备忘录界面 .psd"素材，如图 6-34 所示。

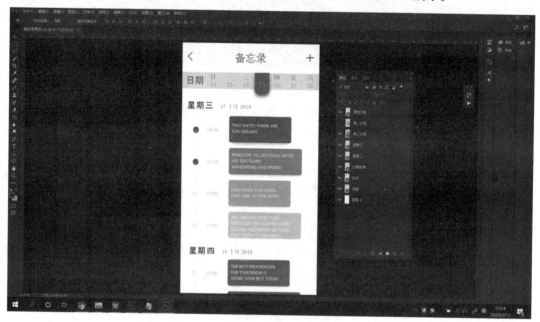

图 6-34 步骤（1）

（2）将素材导入 AE，"导入种类"选择"合成 - 保持图层大小"。如图 6-35 所示。在"合成"→"合成设置"中，将帧速率设置为"16"，持续时间为 10 秒。

（3）在图层窗口中，展开"日期背景"图层，时间轴选中在 00f，分别选中"变换"中的"位置""缩放"前的秒表，如图 6-36 所示。

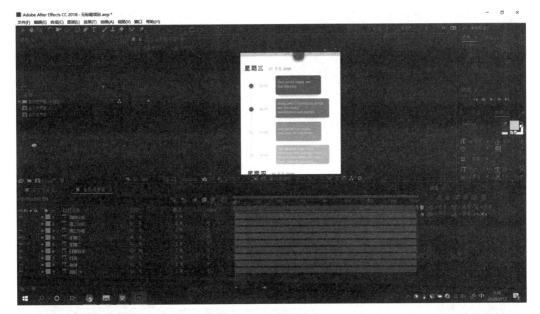

图 6-35　步骤（2）

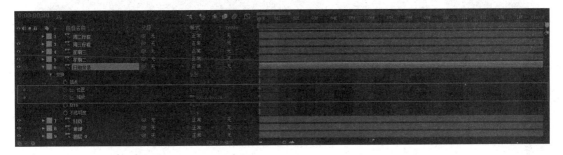

图 6-36　步骤（3）

（4）时间轴选中 005f，把"日期背景"图层的"变换"→"位置"的值设置为"397，227"，"变换"→"缩放"的值设置为"50.0，50.0%"，如图 6-37 所示。

图 6-37　步骤（4）

（5）时间轴选中 010f，把"日期背景"图层的"变换"→"位置"的值设置为"354，227"，"变换"→"缩放"的值设置为"100.0，100.0%"，如图 6-38 所示。

（6）选中"星期二"图层，在右键快捷菜单中选择"图层样式"→"颜色叠加"命令，如图 6-39 所示。

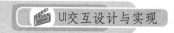

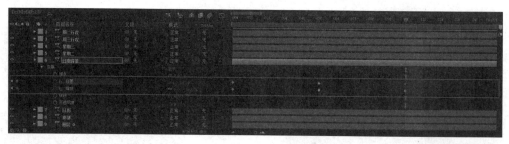

图 6-38 步骤（5）

图 6-39 步骤（6）

（7）时间轴选中 05f，并点中"颜色"前的秒表，颜色值设置为 #B5B8C0。时间轴选中 010f，颜色值设置为 #FFFFFF。如图 6-40 所示。

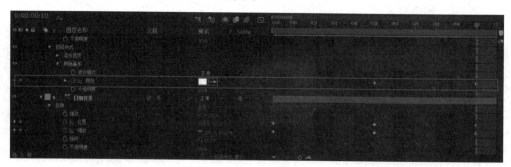

图 6-40 步骤（7）

（8）选中"星期二"图层"颜色"生成的两个关键帧，按【Ctrl+C】组合键进行关键帧复制，选中"星期三"图层，按【Ctrl+V】组合键进行关键帧粘贴，然后选中两个复制的关键帧，按右键执行"关键帧辅助"→"时间反向关键帧"命令，如图 6-41 所示。

（9）选中并展开"周三行程"图层，时间轴选中 00f，为"位置"创建关键帧，如图 6-42 所示。

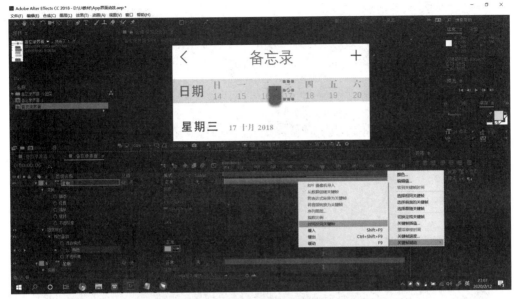

图 6-41 步骤（8）

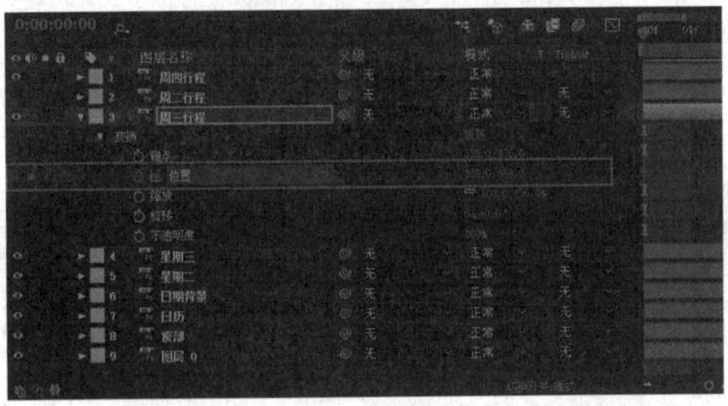

图 6-42 步骤（9）

（10）在"周三行程"图层的 010f 帧，位置的值修改为"355.0，1475.0"，如图 6-43 所示。

图 6-43 步骤（10）

（11）选中在 00f 和 010f 生成的关键帧，点击"图标编辑器"，进行速度设置，可以实现"周三行程"向下运动，先慢后快，如图 6-44 所示。

（12）选中并展开"周四行程"图层，时间轴中 03f，为"位置"创建关键帧，如图 6-45 所示。

（13）在"周四行程"图层的 010f 帧，位置的值修改为"355.0，1720.0"，创建关键帧，如图 6-46 所示。

（14）按照与第 11 步同样的操作，编辑"周四行程"中"位置"上两个关键帧之间的曲线，如图 6-47 所示。

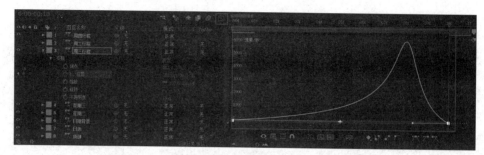

图 6-44　步骤（11）

图 6-45　步骤（12）

图 6-46　步骤（13）

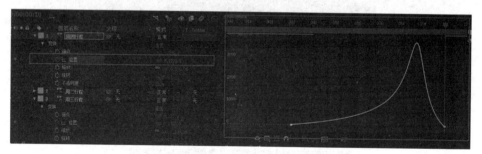

图 6-47　步骤（14）

（15）选中"周二行程"图层，在008f处为"不透明度"创建关键帧，值设置为"0%"，如图6-48所示。

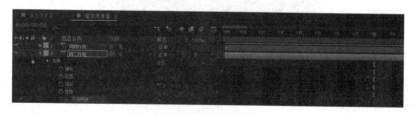

图 6-48　步骤（15）

（16）在同样的图层，010f处为"不透明度"创建关键帧，值设置为"100%"，如图6-49所示。

（17）完成需求的动效，单击"预览"按钮，查看动效效果。然后按照任务6.1第（11）步后同样的方法把动效保存为gif动画。

图 6-49 步骤（16）

知 识 库

一、什么是移动 APP 动效设计

在移动 APP 中，精细而恰当的动画效果可以传达状态，增强用户对于直接操纵的感知，通过视觉化的方式向用户呈现操作结果。当人们在使用 APP 时，相对于形状、颜色，对动态信息的感知最直观，而且印象是最深刻的。信息感知的优先顺序如图 6-50 所示。

图 6-50 信息感知优先顺序

优秀的设计是无形的，一个设计合理的动效能让 APP 界面更加友好，而且好的辅助功能展示不能让用户分心，所有的作用都是为了能够更好地向用户阐述 APP 的功能。

二、移动 APP 动效的作用

1. 提升用户体验

设计师若只追求静态像素的完美呈现，而忽略动态过程的合理表达，会导致用户不能在视觉上觉察元素的连续变化，进而很难对新旧状态的更替有清晰的感知。

迪士尼动画大师乃特维克说过"动画的一切皆在于时间点和空间幅度"。通过"时间点"和"空间幅度"的设计为用户建立运动的可信度，即视觉上的真实感，当用户意识到这个动作是合理的，才能更加清晰愉悦地使用产品。

（1）过渡流畅。过渡流畅是我们对于动效的认识里对容易想到也最被认可的一点，通过界面及其元素的出现和消失，以及大小、位置和透明度的变化，使用户和产品的交互过程更流畅。

（2）高效反馈。高效反馈可以说是移动应用最原始的需求，其通过动效让用户了解程序当前状态，同时对用户操作（平移、放大、缩小、删除）做出及时反馈。譬如在用户点击下载按钮后，我们需要给用户展示程序当前的状态（未下载—下载中—下载完成），如果我们不把反馈提供给用户，用户可能就觉得"手机卡死了吗？"。同样的对平移、放大等操作，及时友好的反馈也是必要的。

（3）引导作用。移动应用相比 PC 应用，可用的空间很小，很多功能的入口可能都是隐藏的，此时动效的作用就体现出来了。其通过动效对功能的方向、位置、唤出操作、路径等进行暗示和指导，以便用户在有限的移动屏幕内发现更多功能。譬如，iOS7 锁屏界面的动效提示用户向右滑动；百度手机输入法的"熊头"菜单滚动提示用户翻页；微信的朋友圈引导用户一步一步操作。

（4）层级展现。随着移动应用越来越复杂，承载的功能越来越多，原来的三层结构原则已经不能完全适用，合理清晰的结构层级对用户理解应用和使用应用有着至关重要的作用。

具体的方式为：通过焦点缩放、覆盖、滑出等动效帮助用户构建空间感受。就像 iOS7 一样，通过动效来构建整个系统的空间结构。

（5）增强操纵感。一些动效通过对现实世界的模拟迎合用户的意识认知，并且不需要任何提示，使产品的交互方式更接近真实世界。用户通过对现实世界的认知来理解动效，增强了用户对应用的操纵感和带入感。比如很多阅读 APP 的动效设计，可以让用户感觉到纸面的翻动。

2. 增添产品气质

未添加动效的产品，会带给人一种死气沉沉的感觉，所有内容平铺直叙、毫无生机，即使界面设计很美观，也会缺乏一种灵动细腻的气质。如果把产品比作美女，那么界面视觉就是美女的颜值，交互动效就是美女的肢体语言。合理的动效能将更立体、更富有关联性的信息传递出去，提高产品的"表达能力"，增加亲和力和趣味性，也利于品牌的建立。

3. 创造设计师优势

（1）降低沟通成本。设计师通过制作高保真动效 Demo 展示设计思路和创意，大大提高设计提案交接率，降低了设计师与开发的沟通成本，提高了动效的还原度，体现专业性。

（2）打造核心竞争力。在 UI 设计行业已经趋于饱和、并且产品设计流程逐渐实现体系化和模块化的今天，设计师如果只会利用组件重复性地"拼凑"页面而无更多的价值产出，被替代的可能性将会增大。在日常工作之余，若要为公司和团队输出更多的价值，动效设计能力便是交互 / 视觉设计师的必备技能与核心竞争力之一。

三、常用动效设计工具

目前的动效设计工具非常多，如 Hype、flinto、principle、Framer、ProtoPie 等，本书主要以 Adobe After Effects 为工具设计动效。

Adobe After Effects 简称"AE"，是 Adobe 公司推出的一款图形视频处理软件，适用于从事设计和视频特技的机构，包括电视台、动画制作公司、个人后期制作工作室以及多媒体工作室，属于层类型后期软件。

AE 软件可以帮助用户高效且精确地创建无数种引人注目的动态图形和震撼人心的视觉效果。利用与其他 Adobe 软件无与伦比的紧密集成和高度灵活的 2D 和 3D 合成，以及数百种预设的效果和动画，为电影、视频、DVD 和 Macromedia Flash 作品增添令人耳目一新的效果。

目前，Adobe 官方最新版本为：Adobe After Effects 2020，本书中使用的版本为 After Effects CC 2018，如图 6-51 所示。

四、图标动效设计思路

现在越来越多的手机应用和 Web 应用都开始注重动效的设计，恰到好处的动效可以给用户带来愉悦的交互体验，是应用颜值担当的重要部分。

在交互过程中，应用各种图标都会跟随不同的事件发生不同的转换，如充电时电量图标的改变和音乐播放器的播放模式改变，如图 6-52 所示。

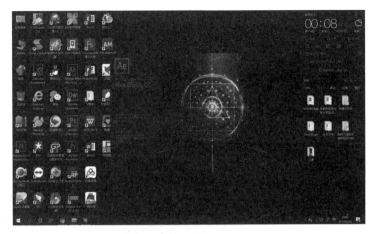

图 6-51　After Effects CC 2018

图 6-52　电量图标与音乐播放模式动效

以前，图标的转换都十分死板，而近年来开始流行在切换图标的时候加入过渡动画，这种动效给用户体验带来的正面效果十分明显，给应用添色不少。在进行图标动效设计时主要从以下几个方法。

1. 属性转换法

这是最为普遍也最为简单的一种 icon 切换思路。属性包含了位置、大小、旋转、透明度、颜色等，在这些属性上面做动效，若运用恰当，可以做出令人眼前一亮的动效，如图 6-53、图 6-54 所示。

图 6-53　下载成功图标动效

图 6-54　点赞图标动效

2. 路径重组法

将图标的路径（笔画）进行重组，构成一个新的图标，这考验了更多的内容，比如观察两个图标笔画之间的关系，这个思路最近相当流行，同时也具有挑战性，如图 6-55、图 6-56 所示。

图 6-55　菜单关闭图标动效

图 6-56　菜单返回图标动效

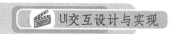

3. 点线面降级法

面和面进行转换的时候，可以用线作为介质，一个面先转换成一根线，再通过这根线转换成另一个面。同理，线和线转换时，可以用点作为介质，一根线先转换成一个点，再通过这个点转换成另一根线，如图6-57、图6-58所示。

"圆环"图标　　缩成一个点　　由点绘出"方形"图标

图6-57　线线转换

图6-58　记事本-更多图标动效

4. 遮罩法

两个图形之间相互转换时，可以用其中一个图形作为另一个图形的遮罩，也就是边界。当这个图形放大的时候，因为另一个图形作为边界的缘故，转换成了另一个图形的形状。这个思路很简单，却有一点局限性，两个图形必须是包含关系，如图6-59所示。

"圆环"图标　　圆放大，以方形为界　　"方形"图标

图6-59　遮罩法

5. 分裂融合法

分裂融合法尤其适用于其中一个图标是一个整体，另一个图标由多个分离的部分组成的情况。由分裂融合法做出来的动效也十分有趣，如图6-60、图6-61所示。

"暂停"图标　融合在一起　"停止"图标

图6-60　分裂融合法

图6-61　网格切换图标

单元总结

本单元使用 Photoshop 和 After Effects 软件，共同完成图标动效、引导页和界面动效的设计任务，通过具体实施过程让读者理解移动 APP 动效设计概念、动效的作用、常用动效设计工具和图标动效设计思路。动效设计工具较多，而且动效设计内容比较广泛，除了本书介绍的基础知识以外，还需要查阅更多书籍和网络资源。